Osprey Aircraft of the Aces

Soviet Aces
of World War 2

Hugh Morgan

Osprey Aircraft of the Aces
オスプレイ・ミリタリー・シリーズ

世界の戦闘機エース
2

第二次大戦の
ソ連航空隊エース
1939-1945

［著者］
ヒュー・モーガン
［訳者］
岩重多四郎

［日本語版監修］渡辺洋二

大日本絵画

カバー・イラスト／イアン・ワイリー
カラー塗装図／ジョン・ウィール
フィギュア・イラスト／マイク・チャペル
スケール・イラスト／マーク・スタイリング

カバー・イラスト解説
1945年、ベルリンへの最終攻勢を空から援護する第8航空軍団第215戦闘飛行師団第156戦闘機連隊 (156.IAP,215.IAD,8.IAK) のS・F・ドルグーシン中佐が、乗機ラーヴォチキン La-7"白の93"でまた1機戦果を追加する。ドルグーシンは高い地位まで昇進し撃墜機数も個人28機を記録したが、その経歴は波乱含みで、La-5/La-5FN装備の親衛第32戦闘機連隊 (32.Gv.IAP) 所属上級将校だった大戦中期、彼は部隊のある搭乗員が溺死した件について査問され、他隊へ懲戒転属させられた経験をもつ。このとき連隊長ヴァシーリイ・スターリン（ほかならぬイオーシフ・スターリンの実子）も事件の責任を負って職を追われている。

凡例
■ソ連航空隊の編制については、以下のような略称(カッコ内はロシア文字の原綴とラテン文字表記)および訳語を用いた。独ソ戦中のソ連空軍部隊編制については82頁を参照されたい。

VVS (ВВС, Военно Воздушные Силы/Voenno Vozdushnye Sily) →ソ連空軍／航空隊
VA (ВА, Воздушная Армия/Vozdushnaya Armiya) 航空軍
IAK (ИАК, Истребительный Авиа Корпус/Istrebitel'nyi Avia Korpus)→戦闘航空軍団
IAD (ИАД, Истребительная Авиа Дивизия/Istrebitel'naya Avia Diviziya)→戦闘飛行師団
IAP (ИАП, Истребительный Авиа Полк/Istrebitel'nyi Avia polk)→戦闘機連隊
IA PVO (ИА ПВО, Истребительная Авиация Противовоздушная Оборона
/Istrebitel'naya Aviatsiya Protivovozdushnaya Oborona)→防空戦闘航空軍

＊なおGv (Гв, Гвардия/Gvardiya) は親衛部隊の名誉称号を受けたことを示す略称である。

■ソ連の搭載火器について、本書では便宜上口径20mm以上を機関砲、それ以下のものを機関銃と記述した。
■ソ連以外の各国航空部隊については、一部、以下のような略称を用いた。
　ドイツ／戦闘航空団→JG (例：第51戦闘航空団→JG51)
　イギリス／スコードロン→Sqn (例：第81スコードロン→No.81Sqn)

翻訳についての覚え書き
いわゆる大祖国戦争（英；Great Patriotic War）について、今回の訳出では若干大雑把ながら「独ソ戦」「第二次大戦」または「戦時中」といった表記を多用している。したがって厳密には訳文中で第二次大戦とあっても1939年のポーランド戦や第一次ソ連-フィンランド戦役（1939年11月30日-1940年3月13日）は含まず、独ソ戦とあっても第二次ソ連-フィンランド戦役（1941年6月25日-1944年9月7日）や対日戦（1945年8月8日-1945年9月）を含む。ただ本書の軸となるエースのスコアや順位に関しては「戦時中のエース第何位」とあってもそれ以前の地域紛争時代まですべて含んでおり、大差はない。
［訳者］

ロシア語のカナ表記について
原書はロシア文字（キリル文字）の人名・地名などをすべてラテン文字で表記してあり、これをカナ文字にするにあたってロシア連邦ヤロスラヴリ出身の仲田ガヤネさんにご協力いただきました。ラテン文字表記をロシア語の文献や『ロシア・ソビエト姓名辞典』（ナウカ 1979年）、世界地図、外国語地名辞典などを極力参照してロシア文字に置き換えてからカナ表記にしてあります。しかし、原書中ラテン文字表記法に統一のとれていない部分があり、そのため完璧とはいいがたく、読者のみなさまのご指摘、ご叱正をおまちしています。また、カナ表記へ置き換えるにあたって通常は用いない文字の組み合わせを使用しましたが（例：ты/ty→トィ、вя/vya→ヴャ）、これはロシア文字のカナ表記法が定まっていないことから、できるだけ原音のもつ"ロシア語らしさ"を生かすため、あえてそのまま採用しました。
翻訳にあたっては「Osprey Aircraft of the Aces 15 Soviet Aces of World War 2」の1997年に刊行された初版、および1998年の再版を底本としました。[編集部]

目次 contents

6	1章	**ファイター・エースの生まれるまで** the making of a fighter ace
29	2章	**ソ連空軍戦闘機隊、その展開 1941-1945** evolution of VVS fighter aviation 1941-45
44	3章	**ソ連戦闘機とそのエースたち** fighter aircraft and thair aces
67	4章	**ソ連空軍の主要なエースたち** the leading aces

82 **付録**
appendices

82	独ソ戦中のソ連空軍部隊編制
82	ソ連航空隊戦闘機エースのリストに関する考察
83	主要エースの総撃墜数、出撃回数、会敵回数、撃墜確率一覧
83	上位エースの占有撃墜戦果
83	ソビエト連邦英雄章(ソ連英雄金星章)
84	GSS複数回受章者リスト
84	親衛戦闘機隊
84	ソ連親衛戦闘航空軍団(Gv.IAK)リスト
84	ソ連親衛戦闘飛行師団(Gv.IAD)リスト
84	ソ連親衛戦闘機連隊(Gv.IAP)リスト
85	ソ連航空軍 1942-1945
87	独ソ戦におけるソ連空軍のエース上位100

17 **カラー塗装図**
colour plates

89 カラー塗装図解説

27 **パイロットの軍装**
figure plates

95 パイロットの軍装解説

chapter 1
ファイター・エースの生まれるまで
the making of a fighter ace

　1930年代、空前の飛行記録をあまたうちたてたヴァレーリイ・チカーロフ飛行士の功績、チェリュースキン事故の生存者救出劇が浴びた惜しみない世評（ソ連英雄金星章＜GSS＞が授与された極初期の例。1934年4月20日受章）、あるいはマリーナ・ラスコーワ航法員（のち操縦員）などエポックメイキングな女流飛行士の示した模範、それらすべてが啓発となって、兵役志願者たちはソビエト連邦でもっとも魅力的な軍隊組織たる空軍の門をくぐっていった。天駆けるヒーローの偉大な実績がつちかった世間的風潮ゆえ、そしてそこへ有力な航空部隊の構築を模索する政治的思惑もあいまって、ソ連の軍事航空は志願兵不足に悩むことがなかった。

　また、連帯責任主義という政治的ドクトリンを背景として国内の若者を対象とする事業活動、公共団体、クラブ組織などが一定規模の発達をなしており、彼ら若者たちはコムソモール（共産青年同盟）によっていずれ兵役にも自発的参加をするよう仕向けられていたのである。それだけ航空関係への姿勢がはっきりしている上はどれほどの人数が空軍へなだれ込んでもむべなるかなだ。

　共産党の活動や国家権威が未来のソ連戦闘機パイロットを育てる畑の土なら、肥料にあたるのが"オソアヴィアヒム"と呼ばれた組織であり、撃墜王たちはここで目鼻立ちを整えていった。1930年代からスペイン、中国、モンゴル、フィンランド各戦線を経て独ソ戦（大祖国戦争）まで至る時期、オソアヴィアヒムはソ連空軍の戦闘機搭乗員訓練の相当部分を推進するために尽力したのであった。原則民営の本組織は1925年、ODVF（鷲友会）とドブロヒム（科学戦篤志会）が合併してできたアヴィアヒムを起源とし、その後1927年OSO

ソ連空軍宣伝ポスター。1937/38年のものでポリカルボフI-16を起用している。この戦闘機はスペイン内戦中ナショナリスト空軍から「ラタ（Rata：ネズミ）」の仇名を頂戴、これが定着して第二次大戦中も独空軍でそのまま使われた。ポスターのスローガンは「たたえよ空の英雄戦士！　誇れスターリンの隼！」。
(via Seibel)

（在郷防衛予備軍）と合併しオソアヴィアヒムとなった。

　新組織は空に憧れた血の気の多い青年たちを男女問わず呼び込み、練達な空のスペシャリスト（搭乗員も含め）へと変えていった。第二次大戦勃発までにオソアヴィアヒムの援助で民間飛行士ライセンスを取得した人数は男女合計12万名をくだらない。なおこのライセンスはおおむね今日の英PPL (Private Pilot's License) に相当する。

　この壮大な数の民間訓練操縦士は名目上ソ連空軍へ強大な予備搭乗員勢力をもたらすものだったが、その質をみるとオソアヴィアヒムから来たパイロットは軍用機や戦闘飛行術に対する備えができていない場合がほとんどだった。教官として何千時間もの飛行時間をもつものもいたのは確かだが、空軍側へ大量の搭乗員を供給するオソアヴィアヒムの養成プログラムはまだ準備不足であり、錬度が充実した独空軍戦闘機搭乗員とすぐにでも手合わせするなどもっての外だったのである。

　1941年、戦闘機部隊に配属された搭乗員たちは戦術や空中射撃術の教練を受けることすらほとんど期待できない状態で、しかもスペインやフィンランドで得た手痛い教訓を大部分無視して編隊制度への転換をしておらず作戦要点を各個指示されただけだった。このようにまったく不充分な実戦訓練体制の影響はたちまち西部で戦うソ連空軍のなかで露顕してゆくことになったが、状況の改善をみるのは1942年、すぐれた実績をあげた部隊指揮官たちが各個人の戦闘知識をまだ戦術的認識のない同僚に伝える機会を得てからのことである。

■ 初期のエースたち
the first aces

　1941年6月22日に開始されたドイツ軍電撃戦（ブリッツクリーク）で被った壊滅的打撃の動揺のなか、身の毛もよだつ損失から機材も錬度も不足する状態をなんとかくぐり抜けたソ連戦闘機搭乗員たちは、まもなく上々のスコアをあげるようになった。残虐をきわめた東部戦線最初の夏であればこそ、目標となる独軍機には無論事欠かなかったわけだ。不安で心も重いソ連の民間人たちにとってこの戦果は戦争の唯一明るい話題となり、ヒーロー出現が民衆のモラルを高める絶大なポテンシャルをもつとみていた政界人にも撃墜数上位の搭乗員はすぐ認知された。1941年12月、戦闘で確実撃墜3機以上を得た搭乗員を指してはじめて"エース"の呼称が公式に使用され、該当者が達成した戦果は、普通ゴーストライターが「プラウダ」紙や共産党の機関誌などに記事を書き、掲載公表された。また自機を個人的マーキングで飾ることも許された。

　1942年末ごろ、T・T・フリューキン大将は搭乗員のエース資格獲得に必要な達成スコアを敵機10機以上撃墜へと引き上げ、新規格適合を得た搭乗員はソ連として授与される最高の軍事勲章、ソ連英雄金星章（GSS）授与者に列せられることとなった。10機落とせば男も女も全搭乗員が自動的に叙勲されるのである。

　エースの先例に続けと民衆をあおり立てるポスターが飾られ、ゴールドスター授与者はしばしば個人名も出された。ポクルイーシキン、レチカーロフ、コジェドゥーブといったトップエースの名はたちまち周知となり、彼らの功績はその後時を経て伝説となっていった。

　緒戦期の典型的エースは必然的なりゆきとして、1930年代末にオソアヴィ

1942年製宣伝ポスターが"スターリンの隼"の威力を誉めそやす……ここではMiG-3が"ハゲワシ"ルフトヴァッフェをつつきまわしているが、実際のMiG-3は独戦闘機との戦闘に使ったところまったくの能力不足を露呈、モスクワ防衛戦参加後に戦術偵察任務へ引き下げられてしまった。スローガンの意味は「スターリンの隼敵を狩る」。(via Seibel)

1945年版ポスターでは"天にも昇る"Yak戦闘機隊の揺るぎなき力を賛美している。スローガンの意味は「我ら制圧せり：スターリン飛行隊大勝利万歳！」。(via Seibel)

アヒム飛行クラブで飛行術を学んだコムソモール構成員の青年である場合が多かった。彼らはその後大戦勃発直後に空軍搭乗員となるべく軍事訓練学校を卒業、教官勤務ののちに1943年春ころ戦場へと参入した。この類のエースとしてはイワーン・コジェドゥーブ（第二次大戦時の連合軍最高撃墜記録保持者、62機）、認定撃墜53機のキリール・エフスティグニェーイェフ、敵機23機を落としたヴラディーミル・ラヴリニェーンコフらがいる。全員とはいわないまでも大半は共産党員だった。

戦闘機部隊指揮官まで昇りつめるだけの運に恵まれた士官候補生出身パイロット、天賦の才を発揮した者、あるいは経験と度量のある師匠の手ほどきを受けた者たちはたいてい終戦までのあいだにそれなりの戦果を積み重ねていったのである。

■ **戦果算定**
combat claims

当局上部の戦果承認法を研究する上で、ソ連空軍のそれはとくにユニークで興味深い例だ。戦闘機搭乗員側が出す戦果主張自体はほかの連合軍、枢軸軍各国の対応部門と比較もできようが、まさしく異なるのは成績優秀搭乗員への公的表彰である。実際、一般人にも功績がわかりやすい戦闘機搭乗員ばかりでなく、対地攻撃や偵察、爆撃のような他の形態の作戦飛行に関与した男女諸搭乗員たちも、戦果承認を得ることができたのである。

指示された作戦目標を達成した搭乗員の所属中隊長、連隊長も表彰されたし、あまり陽があたらない仕事柄の技術関係者や地上整備員たちも担当機体の稼働率記録しだいで表彰される資格があった。

話を戦果承認、あるいはそれをソ連空軍がどう認識していたかに戻す。たとえば認定撃墜個人19、協同3のエース搭乗員ヴラディーミル・A・オレーホフ大佐が1995年、ミンスクでセルゲーイ・クリバーカ氏の取材に応えそのプロセスについて述べている。

第二次大戦緒戦の数年間にエースの資格を達成したソ連搭乗員は数多いが、I-16で5機以上を落とした戦闘機乗りでも最初のうちに入るのが、スペイン内戦中共和党軍側で出撃したスペイン人たちである。なかでも、もっとも戦果をあげたひとりが10機撃墜のエース、第21戦闘群第3飛行隊（3 Escuadrilla, 21 Grupo de Caza）隊長ホセ・マリア・ブラーヴォ・フェルナンデス大尉。写真右側が彼で、戦闘時にナショナリスト軍戦闘機から受けた自機 I-16タイプ10（シリアル CM-193）の損傷部分を部下地上員へ示しているところ。この I-16タイプ10はShKAS機銃を機首に同調式で2挺、翼内に2挺もつが、のちのタイプ17では機首武装は20mm ShVAK機関砲と換装され、ノモンハン事件で日本軍を相手に実践初投入をみる。フェルナンデス大尉は共和党軍敗北後ソ連空軍に加わり、のち大佐で退役。80歳になった現在もスペインで健在である。

この写真もバルト海艦隊のI-16ながら戦前もっと平和な時代の撮影。はじめてI-16がソ連戦闘機部隊にお目見えしたのは1935年だが、操舵反応が過敏なこの単葉戦闘機をあつかって命を落とす未熟搭乗員が短期間で続出した。より安定性にすぐれ、概して癖のない複葉のポリカルポフI-5、一葉半のツポレフI-7にそれまで乗っていた彼らとしてはひとたまりもないところ。しかし製造側の若干のあつかいむらが根絶されると、空軍搭乗員たちはまもなくI-16の寸胴な機体にやすらぎに似た感覚をもつようになった。テストパイロットのチカーロフ、ステファノーフスキイ、スプルンが各空軍基地を回り、標準実用機材を使って目の覚めるような曲技飛行を演じたおかげで、前線搭乗員間の本機への評価は一層高まった。

「作戦後搭乗員は参集して、各個がどのくらい敵機を落としたかとか、それぞれが目撃した同志の撃墜状況などを報告するんです。中隊副官がこれら報告事実を記録しまして、この文章が『完遂出撃交戦報告（英；Combat Report of Fulfilled Mission』と称されるわけです。出撃ごとに作成し、その結果や撃墜を主張した搭乗員についてきっちり内容をしたためなければなりません。その報告書は当日の終りにすべて戦闘機連隊司令部が集め、もって戦闘機連隊そのものの戦闘報告書を作成していました。

撃墜は常に連隊指揮官の確認を要します。この確認を得るためには以下の証拠条件のひとつを満たさなければなりません。
1) 当該出撃時の僚機搭乗員最低2名の現認（現場での確認のこと）
2) 陸兵による現認
3) パルチザンによる現認
4) 占領地内の証拠物件

これらの項目に優劣順位はありませんが、時として、とくに敵地上空への出撃時だとか参加搭乗員数が2名のみだった場合はどうしてもうしろふたつの証拠が必要となります。

確実撃墜は搭乗員飛行来歴書に記入され、これが公式承認戦果として適用されるわけです。戦果確認は証拠充分なら当日中になされるし、地上のパルチザンから確認をとる必要があれば何週間、あるいは何カ月もあとになる。開戦のころはそのプロセスもだいぶシンプルでした。陸軍が敗走していたのでほかの乗員からの現認で充分と考えられておったんですな。個人撃墜か協同戦果かについての区分要領は各部隊ごとのしきたりによっていました。親衛第32戦闘機連隊（32.Gv.IAP）の場合は全部個人撃墜で、撃ち落とされた飛行機はすべて落とした搭乗員個人の所有物扱いでしたよ」

この引用文からすれば戦果報告の提出と確認のプロセスは特別議論を要するものではないし、搭乗員たちは戦果主張を補うためただひたすら確実物件の証拠を求めている。ほかの交戦国家の大方とケースとして変わるものではない。無論これは独ソ戦当時の状況だが、その前の対フィンランド冬期戦役、および1930年代末スペインや中国でみられた戦闘の期間となるとおのおのの入手容易な戦闘記録が少ないため、ソ連軍搭乗員があげた戦果の確認はそれほど簡単でない。

スペイン内戦の場合記録文書の欠如から諸問題は生じているものの、共和党軍部隊が戦果報告を協同ベースで認定している点で若干の救いがある。個人撃墜より協同戦果とする傾向があるのは共同所有の政治的気風を反映したものだ。しかし満蒙国境のノモンハン事件や対フィンランド冬戦争では、ソ連搭乗員の過剰戦果報告例がかなり多い。実際後者の場合認定撃墜数の高さは非現実のきわみで、とくにフィンランド側が保存している自軍損失関

ソ連空軍では地上員にも表彰を受ける資格があった。これは彼らの技術的熟練度や生産性を重視するものであり、飛行職の同僚たちと同様にいい仕事と認められれば、彼ら(男女の別なく)も感状やメダルをもらえたのだ。このような報奨制度は愛機を囲むパイロットと地上員の絆をより強固たらしめる一助となった。わざとらしいポーズの写真は野外でI-16に取り付いて作業する兵たちを示す。

連の精密な記録と比較すると、夢物語のレッテルを貼ってもよいぐらいだ。

　独ソ戦の戦果報告を鑑定するなかで、ソ連空軍の上級指揮系統に関し空対空戦果は戦闘機連隊指揮官および当該情報部の報告で確証される必要があったことがはっきりしてきている。空対地攻撃発生時は実施地点近辺の地上部隊指揮官がサインした報告書が必須条件となる。そして戦闘機による敵飛行場の地上掃射実施後は、作戦が成功か否か偵察報告および(または)情報報告のサポートを受けねばならない。

　"タラーン(敵機への自発的空中体当り)"報告の場合、推定突入現場の詳細位置を記した報告書簡で補うものとし、やはり地上部隊指揮官や連隊指揮官の確認が必要であった。

報奨
rewards

　独ソ戦当時、ソ連戦闘機搭乗員の表彰・報奨システムは他国航空兵力のそれと異なっていた(ただし例外としてイタリア共和国空軍が同様の報奨金制度を導入しているが、1943年末の同軍編制以降なのでずっとあとのこと)。1941年8月19日にイオーシフ・スターリンの発布した指令第0299号が「赤軍航空部隊空中勤務者に対し顕著な行いの見返りとして賞与を交付する際常用すべき規定に関する公式教書」である。

　クレムリンから出たスターリンの指示とは以下のようなものだ。

「余が発する指令は顕著な努力をした飛行士を表彰するにあたり規定を導入せんとするものである。また飛行部隊指揮官、同人民委員にあっては本指令をもって所轄搭乗員の叙勲推薦を行うものとする」

　彼のいう戦闘機搭乗員対象の発行規定は以下の各条文に要約できよう。

1)空対空戦闘

　空対空戦闘で撃墜した敵機1機あたり金1000ルーブルが支払われるものとする。

I-153 "チャイカ(カモメ)"は1939年に生産を開始。初の実戦テストはノモンハンで実施され、相手は日本陸軍の九七式戦闘機であった。熟練搭乗員は軽快な敵機の捕捉からも簡単に逃れられたが、経験の乏しいものはたやすく餌食にされてしまった。極東で実戦を経験した結果、チャイカは軍側から搭乗員とエンジンの双方に対し装甲防御が不充分との批判を受ける。多数のI-153が正確な対空砲火に撃ち落とされていたのだ。[訳注：写真はI-152]

これら報奨金のほか撃墜3機で政府表彰を推薦されるものとする。続く3機を撃墜した時点で自動的に2度目の政府表彰がなされ、つまり10機撃墜をもって最高勲章たるGSSの授与資格を得るのである。したがって、この水準を満たす段階で本人は10000ルーブルとソ連の最高軍事勲章をせしめるわけだ。

GSSの受章は大衆にもすぐにわかる業績で、そのような"英雄"は戦争を生き残れば国から恩義としての庇護を受け将来は安泰となる。ソ連共産政権の全責任でヒーローの面倒をみるわけで、これはどの連合軍諸国とくらべても格段の厚遇であった。

2) 戦闘機の対地攻撃参加

敵地上部隊に対する攻撃出動合計5回で搭乗員は1500ルーブルを賞与、15回で2000ルーブルの支給と政府表彰の推薦。出撃25回で金3000ルーブルの交付と2度目の政府表彰。そして40回以上出撃して生還すれば5000ルーブル支給、および悲願のGSSの受勲資格を得て授与される。

バルバロッサ作戦発動直前、ロシアの広大なステップ地帯をパトロールするI-16 2機編隊。

3) 戦闘機の敵飛行場攻撃

飛行場で敵機を撃破した成功出撃4回で戦闘機搭乗員は1500ルーブルを受けるものとする。

昼間10回、または夜間5回の作戦で2000ルーブルと政府表彰が贈られる。昼間20回または夜間10回では3000ルーブルと2度目の政府表彰、また昼間35回または夜間20回が報奨金5000ルーブルとGSSタイトルの入手基準とみなされる。ただし帰還後の報告で戦果ありとみなされた作戦のみが表彰対象として数えられる。

これら報奨金の交付がはじまった1941-42年当時、1000ルーブルでは大したものが買えなかった。賞与額の正味量はモスクワのレストランならご馳走の2食分程度だった。搭乗員としては品物を買って暮らし向きを確実によくするほうがもっと有効な(そして疑いなくより普通の)現金使用法と思えたことだろう。ソ連軍の空中勤務者は特別栄養状態が悪く、"コラ"と称される加給食を支給されていたことが知られている。
　戦闘機部隊は常時基地間を移動しており、ひどい天候のなかでも、粗末な施設で暮らしていた。食料供給は至上問題となっていて、好成績の戦闘機搭乗員にすれば(男女の別なく)いくらなりとも余計にもらえる金銭は大歓迎だった。腹の足しになるものを買えるからだ。それがもっとも危険なやり方で手に入れたものであっても、である。

戦術向上
improved tactics

弾薬を正しく弾倉へ装填することは、搭乗員が戦闘中に弾詰まりを経験しないための死活問題だ。

　独ソ戦当初数カ月で瓦解をみた空戦術上の"古兵"の及ぼす影響は、遅まきながら独空軍との戦闘が2年目を迎えるころにはソ連空軍内でも感じ取られはじめていた。経験を積んだ搭乗員たちはまったく不備な空戦訓練を矯正せんとの模索から、実戦部隊内で影響力のある教練を実施しており、1941年末から42年はじめころには、サフォーノフやサヴィーツキイら指揮官たちが若手搭乗員の教育で世評を博した。
　しかしなかでも最高の例と思われるのは、GSS 3度受章者アレクサーンドル・ポクルイーシキンであろう。独軍侵攻初日以来戦い続けたソ連空軍第3位の高成績エースである。彼は新着搭乗員への空戦術教練の際、部下に戦闘時の仮想質問を出し自分たちで答えを考え出すよう求めるのだった。約40年後彼は回想している。
　「俺は自由時間中いつも、部下の若手搭乗員たちと自隊の行なった戦闘状況を細かく検討していた。その状況は一定の基本的シチュエーションを考えさせてくれるし、そこから俺は連中の戦術的な自覚を向上させたり、自分たちの失敗を自分たち自身で分析するよう教えるんだ。俺たちの掩体壕はよく"教室"とか"飛行学校"と呼ばれた。"アカデミー"というのまであったよ。壁には図表や絵がかかっていて、テーブルには味方機や敵機の模型が置いてあった。触れておきたいのは俺たちがそれまでの作戦の内容分類表を作っていたこと。いろんな敵戦闘機や爆撃機との交戦形態について考慮したやつなんだ」
　とはいってもソ連空軍の撃墜王たちがみんな、ポクルイーシキンのように自身の経験や知識を新参搭乗員へ分け与える能力をもっていたわけではない。同じ親衛第16戦闘機連隊(16.Gv.IAP)でもポクルイーシキンはすぐれた戦術家かつ教官だったが、彼の列機で長期間同僚でもあったグリゴーリイ・レチカーロフ(戦時ソ連戦闘機搭乗員第2位の多数機撃墜者)のほうは相当程度の強い個人主義者だったといわれている。彼はグループ戦術に関知せず、もっぱら自分自身のスコア拡大へとその目を向けていた。
　独ソ戦開始時、ソ連戦闘機搭乗員は低速で武装貧弱な機体を用い、地上部隊へ最大の支援を発揮できるようデザインされた活気のない、防御的戦術を用いていた。水平密集3機編隊、通称"ズヴェノー"を戦闘隊形として多用、複葉のI-15、I-152、単葉のI-16ら旧式化した機体はメッサーシュミット

Bf109戦闘機の好餌となった。

ソ連空軍では相互支援を得る目的で"サムロチョフ円陣"の名で知られる防御円運動が使われた。I-16やI-153の特長たる敏捷性を最大限に発揮するための戦術機動である。同国搭乗員は短期間で経験を得ると戦術を変更、独空軍の自国上空支配を阻止すべくより積極的な反撃の必要性が反映された。

戦術のまずさをさておいたとして、ソ連空軍戦闘機搭乗員たちは機体への未慣熟というかせをもはめられていた。たとえば独ソ戦はじめの18カ月間、Yak-1やLaGG-3の実機での訓練はわずか1、2時間と限られており、実戦資格を得るまでに当該機種で合計10時間も飛んだ搭乗員など少数派だった。かくして、部隊内で新人搭乗員の損失が多いのは驚くまでもないが、最初の虐殺を生き残ったその他熟練男女搭乗員たちに大きなストレスがかかることとなった。

だが、そのような状況もずっと続くことはない。前線部隊で歴戦のベテランたち各個が教育を行うのと並行して、空軍参謀本部からも組織上から戦闘効率全般の向上を図るかなりの努力がなされた。優秀搭乗員のみをもってする部隊単位として参謀長直隷の実戦訓練管理本部が編成されたのだ。彼らは以後、戦績向上の見地から重要戦域の各戦闘飛行師団、ないし航空軍団内で教育を実施していった。

1943年2月、部隊はブリャーンスク方面軍の第15航空軍麾下第256戦闘飛行師団（256.IAP,15.VA）で任務中だったが、翌月はクバン（クバーニ）航空戦の準備として北カフカス地区の第4航空軍麾下第3戦闘航空軍団（3.IAK,4.VA）へ配転、5月ころには第5航空軍第2戦闘航空軍団（2.IAK,5.VA）へ移動し前線部隊へのLa-5導入で生じる各種問題の円滑化に集中する。その任務が急を要したのは、来る7月発動のクルスク会戦で部隊が基幹的役割を担う必要があったからである。

かくして1943年末、同部隊の過去11カ月の経験を基盤とする戦闘機戦術規範が翌年の航空作戦に備え作成される。訓練学校ではその飛行教程のなかで前線部隊への急速充当の考え方が反映されはじめ、高等飛行術や空中射撃術が一層重視された。

新戦術の礎石として置かれたのは近代的飛行隊形の採用であり、その2機編隊をもってソ連搭乗員もとうとう他国空軍に追いついたのである。このフォーメーションに関してはポクルイーシキンも部隊指揮官から特別許可を受けてソ連空軍内での先駆者のひとりとなったが、本人は1985年の死去まで独戦闘機の戦術を盗用したものではないとの立場を通している。

1942年9月14日、敵飛行場近辺を哨戒して離着陸機を狙うハンター部隊の編成命令が戦闘機部隊へ発せられた。遡って6月17日には独軍機との交戦時に高度の優位を活用せよとの指令がソ連搭乗員に対して出されており、実戦で高高度からの高速垂直降下を用いた敵機攻撃法がこの夏はじめて用いられていた。

海軍航空隊のI-16タイプ10が作戦出撃完了後地上員の誘導で分散待機所へ向かうところ。独ソ戦初期の海軍航空隊所属戦闘機隊ではI-16をよくみかけるが、これは空軍が現役から逐次撤収した大量の機体を受領したため。海軍航空兵力は4個航空隊に分割されており、それぞれが各戦域艦隊に編入、いずれも第二次大戦を通してS・F・ジャーフォロンコフ中将の指揮系統下にあった。

防空第120戦闘機連隊(120.IAP PVO)のMiG-3列線を写したもの。撮影当日(1942年3月7日)、部隊はモスクワ防衛戦参加の功で親衛隊称号を授与、これをもって正式部隊呼称は親衛第12戦闘機連隊(12.Gv.IAP)となった。MiG-3はその高高度性能ゆえ戦術偵察機として重宝されたが、中・低高度ではBf109E/Fにかなわなかった。

　同じく1942年夏のハリコフ会戦中、"エタジェールカ(重ね棚)"・フォーメーションが生まれた。各ペアが高度と平面間隔をずらした戦術で、このテクニックをはじめて用いたのが親衛第16戦闘機連隊(16.Gv.IAP)であった。以下のくだりはポクルイーシキンが1943年春のクバン上空で"エタジェールカ"を用いた状況を本人の口からはじめて述べたものである。
　「味方爆撃機隊の作戦空域を掃討するため戦闘機6機を指揮して出撃せよ、と戦闘機連隊司令から命令されたんだ。このグループは若手の搭乗員で編成していたので、俺はこの出撃を彼らの戦術レッスンの対象にもしてやろうと考えた。ペア3個の階層隊形をとって爆撃機隊が高速飛行する空域をくまなく飛び回ったけど、俺がどんな動き方をしてもグループの搭乗員たちはきっちり編隊を守っててね。Bf109が出てきた。『あれは放っとけ』俺は無線に叫んだ。どんな戦闘行動をとる場合もできるだけ若手連中の分かり易いようにしたかったんだ。そのままBf109は通り過ぎていったけど、奴らは爆撃隊を少しでも脅かさなかった。ずっと射程圏外にいたんだ。俺は敵編隊の先頭のほうにいるペアの長機を奇襲した。"ソコーリヌイ・ウダール(「鷹の一撃」、急降下奇襲攻撃の仇名)"だ。
　そいつの列機は抜目ない奴らしく、編隊長機が青い炎で包まれるのをみると避退行動をとった。味方のひとりがこれを追っていこうとしたね。それはそれで一見筋の通った欲ではあるんだけど、彼はすぐ思い出した。2番機の搭乗員はどうしても必要なときか、俺の合図があったときしか攻撃の優先権をもたないって。それで彼は持ち場に戻ったよ。この場合彼の任務は長機の支援であり、空中での状況観測や判断であって、どんな攻撃に対しても備えておくことなんだ。
　この戦闘規律があってこそレッスンが続けられたんだね。味方爆撃機が目標から離脱して俺たちのほうへ近寄ってくるところで、それを一群の敵戦闘機隊が追っかけようとするそぶりを見せた。さっきやったような待ったがきかない。仕方ないから俺は無線で攻撃命令を出した。こっちが急降下すると敵は

散開したけど、俺は2番機を落として、俺のつぎのペアがその長機をやった。訓練通りうまくいったのだ。

　空を飛ぶ者として大事なのは、目まぐるしく変化する戦闘場面のごく一瞬を逃さないこと、それは精神的な意味でも言えることなんだ。空戦で成功するってことは自機のパワーや武装への信頼で裏打ちされるものだけど、それだけじゃなくて、敵とうまく渡り合えるという自信を造り出すものでもあるんだ。それから俺たち指揮官は、長機を担当する場合新人搭乗員のふるまいをよく把握できるようでないといけないし、列機をやる場合はうまくついていてやらなくてはいけない」

　そのほかの戦闘機動法も改善された。ふたたびポクルイーシキン。

「爆撃機を護衛するとき、俺たちの戦闘機連隊は"ノージニツィー（「はさみ」＝鋏撃法）"という戦法を使っていた。要はつまり、1個ペア（または複数ペア）の戦闘機を使った爆撃機直衛で、減速しないようおたがいが接近と離散を繰り返しながら飛ぶっていう意味で、このやりかたなら双方が相互支援できるし、各搭乗員が広い空中視界を保ち続けることもできる。君がこの飛行パターンを図に書いたら、8の字でできた鎖にみえると思うよ。

　地上部隊支援が目的のパトロールや爆撃機隊進路を啓開をするときは、戦闘機全部を一隊にまとめて振子状の飛行パターンをとった。これは"カチェーリ（「ぶらんこ」＝揺撃法）"といってたね。新しい隊形や空戦技術を適用したからこそ俺たちは勝てたんだ」

　おそらく欧州大戦で運用されたもっとも自暴自棄的戦法と思われるのが"タラーン"体当たりであろう。これは1941-42年の苦闘期の当初からソ連空軍で採用された。この攻撃形態はソ連国民の賞賛を得たようではあるが、上位戦闘機搭乗員の多くは必ずしも正当的戦法としての使用を支持しなかった。

　ソ連空軍内では主として3通りの"タラーン"実施法があった。すなわち、
1）後方攻撃。自機のプロペラで敵機の操縦舵面を探り、昇降舵と方向舵の一方または両方を損傷させれば敵機は空中での操縦性を失い墜落する。
2）主翼で敵機の操縦舵面を突き壊す。低空なら主翼で相手の主翼をつつけば敵はコントロールを失う。
3）敵機への直接的突入。この戦術は究極の、そして最後の手段。

　独ソ戦中公式記録で561例をくだらない"タラーン"がソ連側戦闘機搭乗員によって実施された。本戦法の戦果は独爆撃機272、戦闘機312（独、フィンランド両空軍機）、偵察機48、輸送機3を数え、1945年には対日戦でもソ連側搭乗員の"タラーン"1例が報告されている。フィンランド空軍機へのソ連側"タラーン"は11例が記録されており、自軍戦闘機搭乗員6名が一連の行為で戦死した。初実施はバルバロッサ開始直後の1941年6月22日当日中で、I・I・イワノーフ中尉が乗機I-16でハインケルHe111に突入戦死、その究極的犠

プロペラが損傷しておらず主脚も降りたままであるところからみて、この迷彩されたMiG-3はバルバロッサ作戦最初の数時間で行われた独空軍の一斉大爆撃で、地上撃破された大量のソ連機の1機であろう。

牲行為でGSSが没後追贈された。独ソ戦中の"タラーン"トップスコア搭乗員、第184戦闘機連隊（184.IAP）のGSS受章者ボリース・コブザーン中尉は本戦法で4機撃墜という驚くべき戦果を得た。また第147戦闘機連隊（147.IAP）の同じくGSS受章者アレクサーンドル・フロブィーストフは同攻撃を3回成功させている。

1942年ころ、ルフトヴァッフェもとうとうソ連空軍機が体当たりを狙っているらしいと悟った。1942年10月2日発航空司令第3号の収集資料中でこの戦術に対する注意がそれとなく触れられている。

めずらしい初期のソ連機ノーズアートを示す例。1942年末、シャークマウスをつけたYak-7Bが前線哨戒への出撃を前に地上滑走中。

「東部戦線各方面からの報告意見によれば、ソ連戦闘機隊が自爆目的で機を体当たりさせんとの企図を開始しつつあるものとみられる。そのような戦術は現在に至るまで、捕虜への尋問からも、判明しているソ連側命令からも未確認であるが、ほぼ疑いなく訓練経験の不足を示すケースであろう。最良の解決策は戦闘中、平常心を保つことである。機銃手は敵機が至近距離に達するまで射撃を控えるべきである」

前述の通り"タラーン"攻撃はソ連国民の評判を博した。人々はそのような行為を大胆で意欲的な偉業として高く評価したのだ。その一例が防空第177戦闘機連隊（177.IAP PVO）のヴィークトル・タラリーヒン。1941年8月6日、I-16でモスクワ上空を夜間哨戒中高度15000フィート（約4600m）でHe111を攻撃、同爆撃機銃手の攻撃をうけ負傷しつつも体当たりを実施し、ドイツ側クルーは戦死したが彼は生還したのである。それでもその戦法に眉をひそめる上級戦闘機指揮官が何人かいた。彼らは"タラーン"のもつ不必要なリスクを指摘している。たとえばポクルイーシキンも戦後こう述懐している。

La-5FNは第二次大戦中ソ連空軍が使用した最有力戦闘機のひとつ。ラーヴォチキンは1942年末から44年末のあいだに本機種を約9920機生産せしめた。

「個人的に体当たりは賛成しないね。ほとんどの場合敵機を壊すだけでは済まなくて自機も失うし、搭乗員本人が死んでしまう場合だってまれじゃない。俺の記憶が確かなら、1944年夏にソ連空軍最高司令官のA・A・ノヴィコフ大将が特別命令を出している。ソ連の戦闘機は強力で近代的で武装もあって、同時期に在役しているどの敵戦闘機よりも性能が上だから"タラーン"なんてしなくてよい、と空中勤務者の皆に説明しろって俺たちに指示してるんだ。体当たりは一番複雑な攻撃形態のひとつで、強い意志と高い士気が必要だ。最終手段として、絶体絶命のときに限って使われることだ。俺自身はどうしても敵機に体当たりしなければ、なんてことは一度もなかった。いつも弾をもっていたし機銃もしっかり動いたからね」

カラー塗装図
colour plates
解説は89頁から

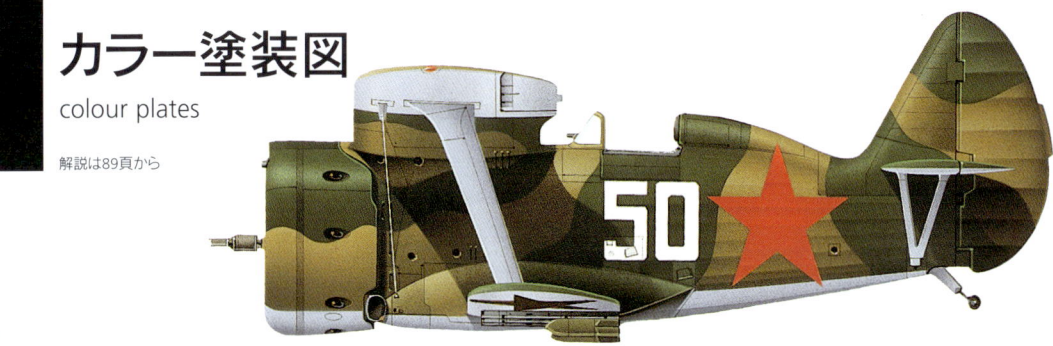

1
I-153 "白の50" 1942年夏　フィンランド湾ラヴァンサーリ
A・G・バトゥーリン大尉　バルト海艦隊航空隊第71戦闘飛行隊所属

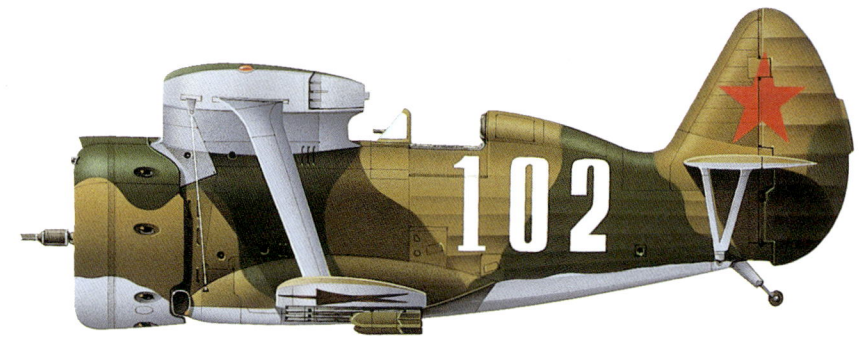

2
I-153 "白の102" 1942年8月　フィンランド湾ラヴァンサーリ
連隊長P・I・ビスクップ少佐　バルト海艦隊航空隊第71戦闘機連隊所属

3
I-153 "白の10" 1941年9月　フィンランド湾戦域
V・レドコ少尉　バルト海艦隊航空隊(所属部隊不明)

4
I-153 "白の24" 1942年8月
フィンランド湾ラヴァンサーリ
K・V・ソロヴィヨーフ大尉機
バルト海艦隊航空隊第71戦闘機連隊所属

5
I-16タイプ18bis　"白の11"　1941年9月　ムルマンスク戦域　B・S・サフォーノフ大尉
北洋艦隊航空隊第72戦闘機連隊所属

6
I-16タイプ18　"白の13"　1941年夏　ムルマンスク戦域
S・スルジェーンコ中尉　北洋艦隊航空隊第72戦闘機連隊所属

7
I-16　"白の16"　1942年　フィンランド湾　A・G・ロマーキン上級中尉
バルト海艦隊航空隊第21戦闘機連隊所属

8
I-16　"白の28"　1942年春　レニングラード方面軍
M・ヴァシーリエフ上級中尉　バルト海艦隊航空隊第4戦闘機連隊所属

9
MiG-3 "白の5" 1942年3月 A・I・ポクルイーシキン
親衛第16戦闘機連隊所属

10
MiG-3 "白の67" 1942年夏 南部方面軍 A・I・ポクルイーシキン
第216戦闘飛行師団親衛第16戦闘機連隊所属

11
MiG-3 "白の04" 1941年夏 スターリングラード方面軍
S・ボリャコーフ大尉 第7戦闘機連隊所属

12
MiG-3 "黒の7" 1941-42年冬 A・V・シュロポフ
モスクワ防空軍第6戦闘航空軍団第6戦闘機連隊所属

13
LaGG-3　"白の76"　1941年秋　カレリア方面軍　L・A・ガーリチェンコ
第145戦闘機連隊所属

14
LaGG-3　"黄の6"　1941年11-12月　モスクワ　G・A・グリゴーリエフ
防空軍第6戦闘航空軍団第178戦闘機連隊所属

15
LaGG-3　"赤の30"　1943年冬　S・I・リヴォーフ大尉
バルト海艦隊航空隊親衛第3戦闘機連隊所属

16
LaGG-3　"白の43"　1944年春　黒海　Y・シチーポフ中尉
黒海艦隊航空隊第9戦闘機連隊所属

17 La-5 "白の15" 1945年 レニングラード G・D・コストィリョーフ大尉
黒海艦隊航空隊親衛第3戦闘機連隊所属

18 La-5 "白の75" 1944年初頭 レニングラード方面軍 I・N・コジェドゥーブ
第5航空軍第302戦闘飛行師団第240戦闘機連隊所属

19 La-5FN "白の14" 1944年4-6月 レニングラード方面軍
I・N・コジェドゥーブ 第5航空軍第302戦闘飛行師団第240戦闘機連隊所属

20 La-5FN "白の15" 1944年夏 レニングラード P・Ya・リホレートフ大尉
第159戦闘機連隊所属

21
La-5FN　"白の93"　1943年7月　クルスク　V・オレーホフ上級中尉
親衛第1戦闘航空軍団親衛第3戦闘飛行師団親衛第32戦闘機連隊所属

22
La-5FN　"白の01"　1943年　第1ウクライナ方面軍　V・I・ポプコーフ大尉
親衛第2襲撃航空軍団親衛第11戦闘飛行師団第5戦闘機連隊所属

23
La-7　"白の27"　1945年春　ドイツ　副長 I・N・コジェドゥーブ
第302戦闘飛行師団親衛第176戦闘機連隊所属

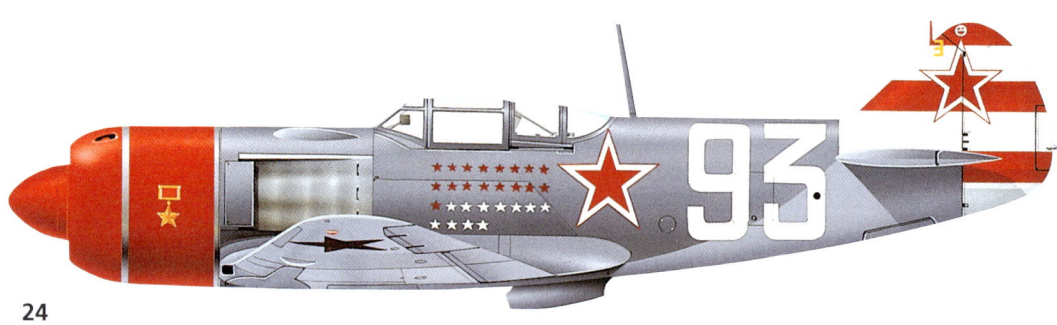

24
La-7　"白の93"　1945年　ドイツ　S・F・ドルグーシン中佐
第8戦闘航空軍団第215戦闘飛行師団第156戦闘機連隊所属

25
La-7 "白の23" 1944年9月 ラトヴィア V・オレーホフ少佐
親衛第1戦闘航空軍団親衛第3戦闘飛行師団親衛第32戦闘機連隊所属

26
Yak-1 "白の1" 1942年夏 M・D・バラーノフ上級中尉 第183戦闘機連隊所属

27
Yak-1 "白の50" 1943年春 ハティオンキ V・F・ゴールボフ中佐
親衛第18戦闘機連隊所属

28
Yak-1 "黄の44" 1943年春 スターリングラード リーリャ・リトヴャック
第296戦闘機連隊所属

29
Yak-1　"白の58"　1943年11月　第2ウクライナ方面軍　S・D・ルガーンスキイ大尉
親衛第203戦闘飛行師団親衛第270戦闘機連隊所属

30
Yak-1　1943年　第2ウクライナ方面軍　A・M・レーシェトフ少佐
親衛第6戦闘飛行師団親衛戦闘第37戦闘機連隊所属

31
Yak-1　1943年初期　第2ウクライナ方面軍　B・M・イェリョーミン少佐
親衛第6戦闘飛行師団親衛第37戦闘機連隊所属

32
Yak-7B　"白の31"　1942年9月　スターリングラード　V・オレーホフ上級中尉
第434戦闘機連隊所属

33
Yak-7B "黄の33" 1945年 レニングラード方面軍 P・ポクルイショフ少佐
第159戦闘機連隊所属

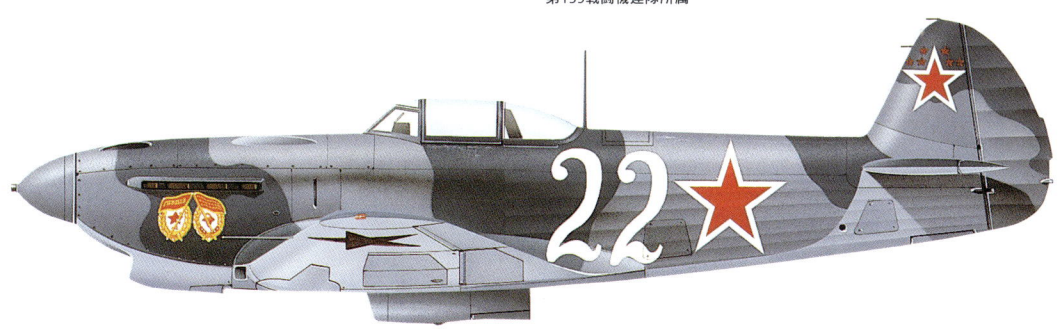

34
Yak-9D "白の22" 1944年5月 M・グリーブ少佐
黒海艦隊航空隊親衛第6戦闘機連隊所属

35
Yak-9T "白の38" 1944年末 ポーランド南部 A・I・ヴィーボルノフ上級中尉
第256戦闘飛行師団第728戦闘機連隊所属

36
Yak-3 1944年 リトアニア G・ザハーロフ少将
第1航空軍団第303戦闘飛行師団所属

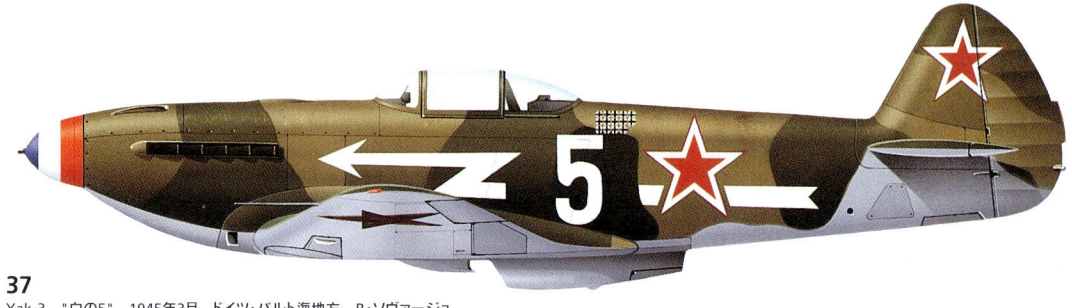

37
Yak-3　"白の5"　1945年3月　ドイツ・バルト海地方　R・ソヴァージュ
第1航空軍第303戦闘飛行師団ノルマンディ・ニエマン連隊所属

38
P-39Qエアラコブラ　"44-2547"　1944年夏　ウクライナ方面軍
G・A・レチカーロフ大尉　第5航空軍親衛第9戦闘飛行師団親衛第16戦闘機連隊所属

39
P-400エアラコブラ　"BX728"　"黄の16"　1942年　西部カレリア地峡
I・V・ボチコフ大尉　親衛第19戦闘機連隊所属

40
P-40Kウォーホーク　"白の23"　1942年ころ　N・F・クズネツォーフ
北洋艦隊航空隊第436戦闘機連隊所属

パイロットの軍装
figure plates

解説は95頁

1
P・Ya・リホレートフ大尉　1944年夏
第159戦闘機連隊

2
ボリース・F・サフォーノフ大尉　1941年9月
北洋艦隊航空隊第72戦闘機連隊

3
A・V・アレリューヒン大尉　1943年9月
親衛第9戦闘機連隊

4
N・A・ゼレノーフ大尉　1942/43年
艦隊航空隊

5
P・I・チェピノーガ大尉　1944年11月
第508戦闘機連隊

6
I・N・コジェドゥーブ大尉　1944年8月
親衛第176戦闘機連隊

chapter 2
ソ連空軍戦闘機隊、その展開 1941-1945
evolution of VVS fighter aviation 1941-45

　1941年6月22日日曜日午前3時30分、ソ連軍前線地区飛行場10カ所が独軍機30機の攻撃を受ける。ドルニエDo17Z、ユンカースJu88、ハインケルHe111爆撃機をもってソ連空軍を完璧に奇襲したこれら初空襲は、世界でもかつてない最大規模の電撃戦開始の序曲であった。だがドイツ軍の兵力増強は前年冬からはじまっており、同空軍のソ連上空偵察飛行も2月から開始された以上、危険を示す兆候はこの年早い月のうちからはっきりみえていたのだ。

　アレクサーンドル・ポクルイーシキンはその自叙伝で、ソ連空軍を侮辱するが如きこの偵察飛行に反撃もできない状況は、いらだちがつのる一方であったと述べている。米英両国政府からは切迫する侵攻の危険が繰り返しイオーシフ・スターリンのもとへ届けられており、英国からは6月21日にスタフォード・クリプス卿から最後警告通牒が出されていた。しかし、スターリンはこれら警報を政治的干渉としてしか受け取らず、結果24時間後にはじまった猛攻へ対する自国の準備不足を招来することとなった。

　初日、ソ連側は空軍機の75％が居並ぶ66カ所以上の飛行場を攻撃された。防御戦闘機は来襲する戦闘機480機を含むルフトヴァッフェの波を迎え撃ったが、数の上からも空戦に飛び込んだ搭乗員の実力からもこれは限られた反撃となった。そして最初の24時間でソ連空軍が被った大損害は、来るべき事態へ前触れであった。

　バルバロッサ作戦最初の運命的一日が暮れるころ、ソ連側が自認した損失数は1136機に達していたが、空戦での損失はうち336機で大半が地上破壊だった。そして第1週終了時点で損失数は4017機まで上昇、独空軍は制空権を掌握し今や東へと歩を進める地上軍の支援を期待

地上からの猛射をかいくぐって飛ぶⅠ-153の最期をとらえたものとされるドイツ側の写真。オリジナルのキャプションによるとこの機体は数秒後爆発したとある。(BAK781)

される状況となった。

　前線から流れてくるこんな破滅的ニュースに直面したモスクワのソ連政治指導者たちは、空軍の記録した微々たる戦果を集中して取り上げることで民衆の士気を高めようと考えた。ソ連戦闘機搭乗員は電撃戦最初の24時間中に244機撃墜を報告、独軍側認定損失は計59機のみながら、第1週末時点でのそれは150機まで達した。

　22日の独軍攻撃第1波で、スタニスラーヴォフ近郊ブーシェフの第12戦闘機連隊（12.IAP）はI-153複葉戦闘機66機中36機を喪失。しかし残存機多数が飛び立ち独第51爆撃航空団（KG51）のJu88を迎撃、I-153 3機を失いつつも爆撃機8機撃墜を報告した。同爆撃航空団は第149戦闘機連隊（149.IAP）の配備飛行場も空襲し同隊はMiG-3 21機を失うが、辛うじて少数機がスクランブル発進、やはり8機のJu88撃墜を報告する早業をみせた。この2例の場合はいずれも独空軍側の認定損失がソ連側報告と比べてもそれほど小さくないが、同様の例はほかにみられない。

　同日の過剰戦果報告例としては、第123戦闘機連隊（123.IAP）のカラブーシキンなる搭乗員がBf109 2機、Ju88 2機、He111 1機を落としたというものがあるほか、同第127戦闘機連隊（127.IAP）のI・I・ドロズドーフがブレスト付近での出撃4回でファシスト軍爆撃機5機撃墜を報告、以下複数機撃墜報告者が数名いる。

　ソ連側搭乗員が独軍機へ自発的体当り"タラーン"を行った報告が各個別々で15例ある。最初の記録は4時25分、独軍機の爆撃開始からわずか55分後の発生。この行動を敢行した搭乗員は第46戦闘機連隊（46.IAP）のI・I・イワノーフでI-16の突入により戦死したが、相手の機種は不明。究極的英雄行為の功でGSSを没後追贈された。"タラーン"攻撃は独ソ戦初日だけで8例以上が実施され、そのひとつを記録した第124戦闘機連隊（124.IAP）のD・V・コーコレフ中尉は、西部軍管区上でメッサーシュミットBf110戦闘機に体当たりするも生還し、自ら記録を書き記している。

バルバロッサ作戦開始翌日に撮影されたドイツ側の宣伝写真。2機の旧式I-152がソ連領内へ侵攻した独陸軍に鹵獲された。この飛行場（場所不明）で鹵獲されるまでに左の機体はまったく損傷を被らなかったようだが、僚機の左翼はへし折れている。（BAK77）

炎上するソ連戦闘機の残骸と、その搭乗員。戦争の惨たらしさそのものをまざまざとみせつけるこの写真は、ドイツ軍の侵攻開始から24時間後の撮影。

ただ突き詰めれば、これら得てして実体のない戦果にソ連政治指導者がどんな気休めを見出したところで、バルバロッサ開始の結果引き起こされた軍事的崩壊の前では空しいものでしかなかった。

アレクサーンドル・ポクルイーシキンも東部戦線冒頭、虐殺の24時間に身を置いたひとりで、モルダヴィアのルーマニア国境付近に暫定配備されていたMiG-3装備の第55戦闘機連隊(55.IAP)で上級中尉として在役中だった。彼の最初の空戦は結果として味方爆撃機の誤射で、失敗に気づいた時にはもうまにあわずその機は操縦不能となっていた。その後の栄えある戦歴を思えば面目丸潰れなスタートだが、翌日からドイツ機相手の撃墜記録が記されるのである。

1941年6月22日当時のソ連航空兵力
soviet air power on 22 june 1941

ソ連邦解体後、ロシアの戦時記録の閲覧がますます活発化してからこの方5年以上経った今も、バルバロッサ前夜のソ連空軍がどの程度の戦力だったか査定するのはなお困難である。ただ全戦闘機中旧式化した複葉Ⅰ-15、Ⅰ-152、Ⅰ-153、単葉I-16がその75%程度を占めていた。

これらの機種はプロトタイプの初飛行が1930年代中盤まで遡り、スペインや中国では大きな戦果を得ていた(運動性に関しては群を抜いていた)ものの1941年なかごろは独空軍のBf109Eより著しく劣っていた。MiG-3、Yak-1、LaGG-3等"華やかな新世代"の戦闘機が前線部隊へ行き渡るのはこれ以降のことで、1941年6月22日までの各機種合計生産数は2030機程度まで達していたものの、まだ大きな戦力となる数ではなかった。

1941年9月ころソ連機の損失は推定7500機まで達している。この数も目の眩むような値に対し、ソ連側戦闘機搭乗員からもかなりの戦果が報告されていた。とりわけ北部戦線の作戦部隊が著しく、当時の上位エースとしてもバルト海艦隊航空隊P・A・ブリニコー中尉がバルバロッサ開始後10週間で15機撃墜を報告(フィンランド空軍戦闘機4機含む)。侵攻以来ほとんど戦い続けてきた彼も結局9月14日被撃墜、戦死した。

ハンコ半島防衛戦以来ブリニコーとともに戦ったA・K・アントーニェンコ大尉は第13戦闘機連隊(13.IAP)副長で、部隊戦果34機中11機を報告したが

LaGG-3のプロペラの傍らに横たわる空軍兵の遺体。バルバロッサ作戦初日、独爆撃機の奇襲攻撃による犠牲者である。侵攻作戦最初の48時間で戦死、または捕虜となったソ連戦闘機搭乗員は、その大半が実際上まったく自機に乗っていない。(BAK821)

1941年7月25日の空戦で戦死した。両者ともGSSを没後受賞している。

中部(のち北部)戦線で戦った第29戦闘機連隊(29.IAP)では部隊認定撃墜敵機50機中38機を3名の搭乗員が報告、内容は個人撃墜より協同撃墜のほうが多い。このエーストリオのうちN・Z・ムラヴィーツキイ少尉は報告戦果12機中9機が協同、9月3日には体当りも報告。14機撃墜のA・V・ポポーフ少尉、12機撃墜のN・モローゾフ中尉があとに続く同部隊優秀搭乗員だが、ポポーフは9月3日味方歩兵直援任務中独戦車群に突入、戦死した。

バルバロッサ以降最初の数週間で目に見えてはっきりしたのは、ソ連空軍機の技術的拙劣さ、のみならず不充分きわまりない訓練であった。これらはいずれも、1930年代末スターリンの粛清でもっとも優秀な指揮官たちを情け容赦なく奪われた組織上の手不足を露呈させたものだ。また工場群がヒットラーの早期掌握を避けるべく生産ラインを閉じてウラル山脈の先への作業所移転準備をはじめたため、補充機材やスペア部品は早くから品薄となってしまった。

東へ、モスクワへとドイツ軍が一見止められそうもないような歩調で迫り来るなか、そのような苦しい実情は即「窮鼠」的精神状態となって現れる。戦争初期の地に足がつかない体たらくを首都の戦いで繰り返さぬよう、ソ連空軍は強く誓ったのだ。1941年7月末ころのモスクワは危険きわまりない状態であった。スターリングラード以北はドイツ軍の支配下におかれ、キエフからモスクワ南西地域も陥落、ウクライナから南も同様だった。

ところが、ヒットラーはモスクワ早期強攻実施を一時延期させてしまう。陸軍にレニングラードやウクライナ方面での地歩固めをする時間を与えようとしたためだが、この遅れはソ連側の市街防御構築を可能たらしめたのみならず、陰惨な冬がすぐそこまで迫ったことを知らせる秋雨"ラスプーティツァ"

(ロシア語で「悪路の季節」を意味する)の到来をも招いたのだ。気象変化にみまわれた独軍部隊は人としてのまともな生活を送ることすらままならなくなった。暖をとれず、雨風をしのげず、ものも食べられない。そして軍隊としての作戦や装備の調達面からも孤立してしまった。

このような状況下ソ連は、攻勢作戦中のドイツ側をはるかに凌駕する防御戦用装備を有していた。もっとも航空機はドイツ側絶対優勢である。独軍によるモスクワ攻撃作戦"タイフーン"は1941年9月30日に開始された。

ソ連空軍司令官P・F・ジガレフ大将は、麾下搭乗員と機材がモスクワ市内や近郊の設備良好な基地から作戦可能であることを把握していた。中央飛行場、ヒムキ、フィリ、トゥーシノ、ヴヌコーヴォなどがそれだ。またジガレフの直轄としてモスクワ軍防空管区第6防空戦闘航空軍団(6.IAK PVO)があったが、この部隊が同市防衛戦で著しい役割を演じることとなる。かたや独空軍第Ⅱ航空艦隊(Ⅱ./Luftflotte)だが、自軍兵力の空陸にわたる攻撃が1カ月も過ぎると陰鬱な天候状況がいっそう悪化していく事態を思い知らされるのである。

11月なかごろ、厳寒期が到来し、独空軍側基地はしばしば一時的作戦不能状態となってしまった。地上員たちが整備修理する機体の金属表面に触れると皮膚が氷着してしまい、工具類はブロートーチで温めなければ使えなかった。液冷機のエンジンも猛烈な寒さで始動しない。この天気のためルフトヴァッフェの作戦行動はソ連空軍より低調となった。

このような状況下、独側と違いソ連空軍の作戦行動は活発化。11月15日から12月5日の3週間でのべ15840機もが出撃し、これは同一時期の独側活動規模のほぼ5倍となった。そしてモスクワ戦の進展につれソ連空軍は独空軍から制空権を奪った状態を維持しはじめる。S・I・ルデーンコ中将の巧妙な指揮のもとルジェールへ向けた北西地区の航空反攻は勢いに乗り、戦闘機搭乗員は敵機16機撃墜を報告した。

第6防空戦闘飛行軍団の活動はモスクワ戦闘機防衛の要となり、23名をくだらない同隊搭乗員がモスクワ防衛戦中にGSSソ連英雄金星章を受章した。

バルバロッサ作戦は冒頭の航空攻撃から間髪入れず電撃戦に突入。このドイツ側写真にみえるI-16とI-153もその戦果である。

鹵獲品のI-152をドイツ空軍将校が検分中。カメラマンに機体の破片もしくは機銃弾によってあいた穴を指し示している。(BAK Loc290)

指揮は1941年11月までI・D・クリーモフ、以後A・I・ミテンコーフの両大佐がとり、この年最後の2カ月間で独軍機の空戦撃墜250機を報告。その上12月9日から14日の5日間は任務を制空から対地攻撃へと鞍替えし、モスクワ西方で撤退する独空軍地上兵力を機銃掃射で荒らし回った。もっとも、部隊はこの時点ですでにその戦いぶりによって名を上げていた。

初の高高度体当りを成功させた防空第120戦闘機連隊 (120.IAP PVO) のA・N・カートリチ中尉は本軍団の所属。敵はかつての夏にはじめてまみえたころほどの無敵状態ではないことを、総体として第6防空戦闘航空軍団は他の味方戦闘機隊に証明してみせたといえる。

■スターリングラード
stalingrad

スターリングラードを巡る戦いはソ連空軍優位のはじまりをもたらす、まさしく"触媒"であった。そこでは新しい組織構成、無線装備の新型戦闘機、そして実戦経験を積み重ねつつある搭乗員たちがソ連の命運を変えるための土台を造り出しつつあり、その先導を受けて1943年春のクバン河作戦の成功、すぐあとに決定的なクルスク戦と続くのである。

スターリングラード戦は二度の危機にみまわれた。まずは市の防衛である。1942年7月から初冬にかけての戦いで用いられたのは、P・S・ステパーノフ指揮する該当部隊の防空軍第102戦闘飛行師団 (102.IAD PVO)。装備戦闘機各種約80機、ほぼ全部が旧式のI-15、ないし敏捷だが馬力と火力の乏しいI-16だった。ステパーノフは空軍司令官 (航空兵力の戦備・作戦責任者) ノヴィコフとソ連最高司令部へ上申、Yak-1装備の戦闘機隊を配置して潮の満ちるがごとく街を攻める独空軍阻止への援助を求めた。

ステパーノフの所轄長たるA・A・ノヴィコフ大将はソ連軍事航空のパイオニアで、従来から前線飛行隊と地上部隊間により緊密な関係を造り出すことで個人的功績を為した人物だった。その功とは、以前の扱いづらいソ連空軍の指揮系統にとって代る航空軍 (VA) の導入である。戦闘機部隊はこれまで、でたらめで緊密性の欠ける従来の方式のために作戦効率を損ねていたのだった。

近代的航空戦を把握しているがゆえ、ノヴィコフはステパーノフの戦闘機支

援を求める嘆願に快く対応、はるかにすぐれたYak-1、Yak-7B、Yak-9を装備し"痛撃隊"の名で通っていた戦闘機隊を、モスクワからスターリングラードへ送り出す。

　最初の数週間ないし数カ月は、新型戦闘機の搭乗員が経験不足であったため損失が多かった。ルデーンコは事の子細を検討の上、麾下戦闘機隊に敵戦闘機との交戦を回避するよう指示。"ザサーダ（待ち伏せ）"の名で知られる新戦術がここに誕生し、これをもってソ連側搭乗員は爆撃機や偵察機への索敵攻撃の腕を磨いたのである。

　また、伝統的"タラーン"も実施されかなりの戦果を記録、9月には5日間で3例の突入が行われたこともある。このときは第237戦飛師（237.IAD）のYak-1搭乗員I・M・チュンバーレフがフォッケウルフFw189を、283戦飛師（283.IAD）のV・N・チェーンスキイが機種不明1機を、291戦飛師（291.IAD）のL・I・ビノーフがBf110の撃墜を認定されたが、3名とも突入後生還している。

　スターリングラード戦第2段階は1942年11月19日のソ連軍反攻ではじまった。守勢にあるときは独空軍の作戦を抑制することに努めてきたソ連空軍は、東部戦線上の気候悪化を受けて反撃に転じた。その戦闘機隊は前線部隊内でもひときわ頭角を現しつつあったが、一方の独空軍は極寒への対応に四苦八苦していた。しかし、ルデーンコ、S・A・クラソーフスキイ、T・T・フリューキン各将軍指揮の第16、17、8航空軍（16.,17.,8.VA）も、天候劣悪のため配下各飛行戦闘機連隊の出撃回数が深刻な影響を受け、攻勢初動も迅速を欠くこととなる。

　参加戦闘飛行師団中ルデーンコ指揮下の第220、283両戦飛師（220.,283.IAD）は装備125機中旧式のLaGG-3は9機のみだった。両部隊は爾後2、3週間の独空軍機撃墜戦果をそれぞれ33機と報告、対する自軍側認定損失数は合計35機であった。

MiG-3は独軍侵攻開始当時在役中の機種としては最新の部類に入るものだったが（1940年初号機空軍納入）、バルバロッサ作戦ではやはり大損害を被った。写真の機体は地上軍侵攻に先立って実施された第1次空襲であっさり戦闘不能とされたもの。時をおかずして飛行場が占領されると、うち捨てられたMiGは来着まもないJu88の搭乗員の興味をひいた。(BAK389)

ルフトヴァッフェは包囲された地上軍への必需品空輸のため、止むに止まれず多数の鈍重な輸送機をスターリングラードへと続く200マイルの回廊伝いに飛行させた。まもなくソ連空軍側戦闘機搭乗員も、回廊地域内の空路縁辺を狩り場とすれば戦果はまず請け合いと心得る。独軍の輸送機は地上レーダーを利用した飛来敵機事前警戒設備の助けを受け、搭乗員には熟練の教官も含まれていたが、機体自体が脆いJu52、He111、Ju90、He177、Fw200、Ju290らは文字通り八つ裂きにされてしまったのである。

　悲運の空輸作戦中にソ連空軍戦闘機隊が働いた大虐殺の一例をあげよう。1942年11月30日、キターエフ大佐率いる第283戦飛師(283.IAD)麾下のある戦闘機隊はJu52 17機と護衛のBf109 4機を攻撃、輸送機5機と護衛戦闘機1機を撃墜した。数が多かったJu52は、航空封鎖戦中ソ連側戦闘機の攻撃で大きな打撃を被り、スターリングラード戦終了までに676機の損失を数えた。これは同機種の本作戦参加総数の約63%である。迎撃にはIl-2シュトゥルモヴィーク対地攻撃機まで加わり、これらも空戦でJu52多数の撃墜を報告した。

　2月2日、独第6軍が降伏。何をさておいてもこれは独ソ戦開始以来18カ月を経てはじめて独側の期待を背いたできごとであるが、ソ連空軍側からすれば、ノヴィコフの示した新組織構成の真価、新型戦闘機の有効性、向上しつつある搭乗員の能力といった諸々が実証されはじめたことになる。ソ連軍航空封鎖の8週間で同空軍は独戦闘機162機、爆撃機227機、輸送機676機の撃墜を報告した。

[訳注：独側輸送兵力の損失実数は上記各機種(輸送機のほかに爆撃機も含まれているが、これは正しい)にJu86を追加した合計約500機、うちJu52は266機とする説もある]

クバン河の戦い
battle of the kuban river

　北部カフカス地方を流れる全長563マイル(906km)のクバン河は、ソ連最大の油田地帯と、同様の重要性をもつ銅、鉄、天然ガスなどの原料資源鉱床群とのあいだを仕切っている。クバンは戦略的、心理的いずれの観点からみてもソ連にとって戦争努力の如何を左右するものであり、それゆえドイツ陸軍とすれば喉から手が出るほどの価値をもつものであった。その結果、はげしい空戦の続発をもたらし、そんななかで何人かのソ連空軍戦闘機搭乗員がハイスコアを得てひろく世に知られていく。

　当初からルフトヴァッフェが差し向けた敵は不吉そのものだった。航空優位確保のため派遣された独第Ⅳ航空艦隊(Ⅳ.Luftflotte)は第51、54戦闘航空団(JG51, JG54)所属飛行隊を編入していたのだ。両隊ともBf109の最新型G-2、G-4、およびFw190の混成装備である。

　対するソ連戦闘機隊は当地防衛戦の投入全機種計約1000機中270機前後を数え、おおむね独軍参加兵力に匹敵した。一連の戦いを通じソ連空軍はレンドリース戦闘機をかなり重用、もっとも搭乗員の人気を博したのはP-39エアラコブラだった(これに対しスピットファイアMkⅤやP-40は実績があまりすぐれなかった)。ベルP-39は大戦初期に米英が運用した際はほとんど評価されなかったが、今回の戦闘ではソ連部隊が本機種をもって勇戦敢闘するのである。なかでも親衛第16戦闘機連隊(16.Gv.IAP)のポクルイーシキンと列

鹵獲されたI-153がさまざまな破損状態のまま占領飛行場の片隅に寄せ集められた状態。捕獲ソ連機のほとんどは侵攻当初の数週間中に独側の手で雑然とスクラップ処分されてしまった。

機レチカーロフが代表的な上位成績者で、前者は本戦闘期間中20機の撃墜を認定されている。

戦役第1幕は1943年4月17日の独Ju87のムイシャーコ橋頭堡爆撃で、この日は大きな抵抗をみせなかったものの、ソ連戦闘機隊は3日のうちに同戦域に殺到して急降下爆撃機の阻止を企図。1週間でソ連側搭乗員は独軍機182機撃墜を報告するが損失もかなり大きかった。それでもソ連軍の抵抗が頑強だったため、ムイシャーコ橋頭堡奪取を狙う独陸軍の攻勢は断念を余儀なくされる。

第2幕はクルイームスカヤ村付近の戦闘。同地はノヴォロシースク北西の位置を占め主要鉄道路線の接続駅にも近いことから戦略的価値が高かった。戦場に投入される圧倒的ソ連空軍兵力のため、独空軍は今や数で押し切られるかたちとなり、戦闘機の損失も5月10日にかけて1日17機まで上昇する。ソ連空軍の報告戦果は各種合計368機の多くにのぼるが、空中での競り合いは一方的なものではなく、独戦闘機隊もしばしば1日4、5回飛んでいたソ連戦闘機隊に多大の損失を強要した。

前述の通りソ連空軍は、クバン戦役中機材の相当部分を西側連合国からのレンドリースを通して調達していたが、実戦で比較的期待外れだった機体のひとつがスピットファイアMkVであった。英空軍で運用されたときの名声そのままの実績が出せなかったばかりでなく、味方搭乗員からはしばしば敵機Bf109と混同されてしまった。同機種に乗った親衛第57戦闘機連隊（57.Gv.IAP）のA・I・イワノーフはこう述べる。

「ファシストのJu87単機を攻撃した。当方はきわめて理想的な場所を占めていたから多分この機は撃墜できただろう。ところがなんたる無念、図ったように味方のYakが現れた。『ヤーシカ（ヤクのこと）！』俺は無線に叫んだ。『ヤク隊！攻撃を邪魔するな！こっちを援護しろ』。だが味方搭乗員はよく分からなかったらしい。そいつが発砲して……こちらの高度は2000m……俺の機は錐揉みをはじめるし、主翼は破損している。グリコールがエンジン・カウリング

から漏れ出した。パラシュートで脱出したかったがもう高度がない。スピードを落としてなんとかスピットファイアを悪性のスピンから引き起こせたが、ともかく基地へ帰るだけで精一杯だった。

司令部は俺たちを近隣全飛行場へ行かせることに決めた。搭乗員や対空砲員たちをこのイギリス機になじませるためだ。その飛行場回りのとき、たまたま俺を撃ち落としたパイロットにも出会った」

5月9、10日ころ、独空軍はクルイームスカヤの制空権を奪回する。その後小康状態が2週間続いたが5月26日ソ連側は猛攻撃を開始、クバン橋頭堡の中心地区、通称"青線区"上空の戦いで第4航空軍(4.VA)はその矢面に立った。ここでポクルイーシキンやレチカーロフ以外の搭乗員が頭角を現し名声を博した。それら名士の一例がドミートリイとボリースのグリーンカ兄弟で、それぞれ21機、10機を撃墜したが前者はそのうち10機をわずか15回の出撃で達成している。

そのほか存分に戦果をあげた搭乗員としてA・L・プルコズチコフ、20機。I・ファデーエフ、19機。N・K・ナウームチク、16機。N・E・ラヴィーツキイ、15機。D・I・コヴァル、V・I・フェドレーンコ、各13機。P・M・ベレステニョーフ、12機。6月末までに独軍は完全に敗退し、7月7日、ノヴィコフ大将はソ連空軍のクバン河地域の制空権獲得を公式宣言した。

クルスクの戦い
battle of kursk

独軍夏期攻勢第三の、かつ最後の局面は1943年7月5日、ウクライナの都市クルスクを目標とするツィタデレ作戦をもって幕を開けた。この戦闘はソ連空軍が空戦への知識と鍛練の積み重ねをどれだけ大きく進めたかを最終的に実証したものであった。7月から初秋にかけてのソ連側反攻期中新たなソ連エースも何人か現れはじめているが、もっとも注目すべき第240戦闘機連隊(240.IAP)のK・A・エフスティグニェーエフ中尉は出撃わずか9回で12機撃墜を報告、戦果56機とGSS 2回受章で終戦を迎えた。

モスクワ、スターリングラード、クバン、クルスクの4大会戦は、ソ連空軍の戦闘機隊が非統制的、機材不良、経験不足な集団から適切な編制、有効な作戦遂行、そして近代的機材を駆使する熟練搭乗員の兵力へと変貌し、ルフトヴァッフェがなしえた最良のものにも比肩していく様を示している。ソ連空軍の命運はすでに転換点まで達し、これ以降陸軍と相並んで独軍兵力を祖国の外へと追いやり、容赦なくベルリンへと攻めのぼっていくのである。

ノルマンディ・ニエマン部隊
normandie niémen groupe

バルバロッサ作戦からわずか数日後、仏ヴィシー政府は正式にソ連との国交を断絶。これを受けて英国亡命中の自由フランス内閣は、中東方面から陸兵1個師団と戦闘機1個連隊を東部戦線へ派遣する旨提案した。結局戦闘飛行隊GCノルマンディのみの移管が決定し、その後(1943年10月ころ)拡張されノルマンディ・ニエマン連隊となった。

ソ連方面で戦う戦闘機搭乗員の募集に応えた最初のフランス人志願者たちは、1942年8月なかば英ミッドランド地区の兵営施設に集結、2週間後スコットランドへ移動しナイジェリアのラゴス向け兵員輸送船ハイランド・プリンセ

スに乗船。こののちの対戦相手を思えばなんとも皮肉ながら、一行は広漠たるアフリカ大陸を徴発された民間機Ju52に乗せられて横断した。そして目的地ラヤクで中東から回ってきたほかのフランス人志願兵と合流する。

海越え空越え、最後はペルシャ砂漠を車に揺られた長旅は同年11月18日テヘランできわまり、2週間の当地滞在となった。同月末、仏兵61名をグルジアへと引き取るべくソ連側輸送機3機が到着。包囲下のスターリングラードを避けての道のりである。

ノルマンディ・ニエマンのパイロット。氏名は不詳だが終戦時の撮影であるのはほぼ間違いない。彼らフランス人搭乗員たちが乗機のYak-3でソ連から本国へ戻る直前である。

1942年11月末の到着直後から部隊は作戦可能状態に入ったが、初戦果をあげるのは1943年春、中部ロシア方面のソ連陸軍大攻勢時となった。性能優秀なYak-1を装備するGCノルマンディは、同年4月5日モスクワ南西ポロトニャーヌィ・ザヴォート（綿布工場）からの出撃で撃墜第1号を得たのである。しかしその8日後初損失も記録、Fw190との交戦で搭乗員3名が帰らなかった。このときは敵機3機の撃墜も報告された。

はじめて未帰還者を出したことに搭乗員は大きな衝撃を受け、士気も著しく低下した。この退行状態を償うためには早く戦場へ戻ってより多くの戦果をあげねばならない、指揮官トゥラーヌ少佐はそう認識し、部隊はゴールボフ少佐指揮する親衛第18戦闘機連隊（18.IAP）に編入、ここで戦闘の機会がかなり増えて士気も上向いていった。5月から部隊は低空対地攻撃任務を開始したが早々と搭乗員を失ってしまう。だがその直後、増援が到着した。ちょうどGCノルマンディが搭乗員僅か10名まで落ち込んでいたときであった。

引き続き部隊は第303戦闘飛行師団（303.IAD）に編入、スペイン内戦と満

尾翼のクロワ・ド・ロレーヌ（ロレーヌの十字架）がはっきり見てとれるこのYak-3は、大戦最後の年フランス人部隊で使われ存分に威力を発揮した配属機の1機。ノルマンディ・ニエマンの搭乗員はYak-1やのちのYak-9よりYak-3を断然愛用したが、終戦にあたり彼らはソ連側から感謝の意を込めて使用中のYak-3をそのまま持っていってよいとの許可を与えられた。部隊の正式帰国は1945年6月21日。

蒙戦線のベテラン指揮官ザハーロフ将軍の麾下に入った。オリョール地区を巡る戦闘の期間中も交戦があいつぎ、部隊はハティオンキの基地から7月10-14日の期間だけでも出撃回数112を記録、17機撃墜を報告したが搭乗員6名を失った。そのなかにはトゥラーヌ少佐の名もあった。戦死したのは7月17日、Yak-1 9機を率いてIl-2シュトゥルモヴィーク隊を護衛中にFw190 30機の圧倒的な敵に散々翻弄され、戦闘中高度を下げるところを視認されたのが見納めで、ついに帰らぬ人となったのである。少佐はソビエト大祖国戦勲章を授与されたばかりであった。

　トゥラーヌは部隊に献身的な評判のよい指揮官で、常日頃から飛行場の自機近く20ヤード(約18m)に丸太屋根の避難所を置いて、そこで寝ていたと言い伝えられている。モスクワ西方での部隊の緒戦期間中Fw190 2機撃墜を認定され、それ以前の1942年は自由フランス軍飛行隊に属し、チュニジア上空でかなりの戦闘経験を積んでいた。トゥラーヌ少佐の後任にはプイヤード少佐が着任。なおこれと同じ時期、かつて部隊の初戦果を達成したプレズィオジ大尉も戦死している。

　1943年8月初頭、エーリニャ奪回作戦参加を命じられスモレンスクへ転戦した部隊は一大転換期を迎える。今度の基地は前線から25km程度下がったところにあったが、各飛行隊は交戦区域からほんの5kmしかない前線飛行場からとんぼ返りの戦闘を重ねた。そしてこの戦闘中フランス側地上員が中東へ召還され、アガヴェリアン大尉指揮する700名以上のソ連側要員がこれと代ったのである。

　9月22日、部隊のYak-1 11機は護衛戦闘機のないJu87の編隊を奇襲、近接防御火力の弱い急降下爆撃機をたちまち9機叩き落として全機帰還した。しかしこのときの戦闘は例外的なもので、スモレンスク作戦中フランス人搭乗員9名が命を落とし、2名が重傷を負ってしまった。GCノルマンディ緒戦期の報告戦果はトータルで敵機72機撃墜、搭乗員損失23名だった。

　プイヤード少佐を頭に頂き戦闘も相当回数こなしたノルマンディ戦闘機隊は、スモレンスク戦直後Yak-9 4個飛行隊の正規編成の戦闘機連隊となる。前年冬に自由フランス指導者シャルル・ド・ゴール大将の視察を受けた部隊だが、新たな搭乗員も中東と仏本国(スペイン経由で密出国)から来着。配下4個飛行隊はそれぞれ"ルーアン""ル・アーブル""シェルブール""カン"[訳注:いずれもノルマンディ地方の都市名]の隊呼称をつけられた。

　冬から春にかけて部隊は設備の整ったトゥーラの飛行基地にとどまっていたが、そこから移った新基地はスモレンスクとヴィーテブスクの中間、前線から約15マイルのドゥブロフカだった。1944年6月、ソ連軍夏期大攻勢が開始、26日には部隊が新たな作戦期に入って初の戦果をあげるが、ボリーソフ地区で初損失も被った。夏期攻勢でドイツ陸軍を約400km押し戻したため部隊は7月15日、リトアニアのミコウンターニへ前進した。

　リトアニアへの移動の際フランス搭乗員はソ連側機付整備主任をYak-9の胴体内へ乗せて運んだが、道中二重の悲劇が起こってしまう。モリス・ド・セーヌ上級中尉は乗機が故障したが、パラシュート脱出すれば操縦席直後の機内で縮まっている同乗のロシア兵が間違いなく死んでしまうと不時着を試みた。しかし機は大地に突入、ド・セーヌと整備主任ベロズーブはその後残骸のなかから遺体で見つかった。自らの命を省みないド・セーヌの行為は前線中の語り草となり、フランス人搭乗員とともに戦うソ連兵の連帯感がこれで

Yak-3ノルマンディ・ニエマン連隊機の列線を写した秀逸な一葉。1944年6月末に部隊がこの新型機へ機種改変した直後の撮影である。基地上空でヴィクトリー・ロールを打っている機がいる。

一層強まったのだった。

7月末ごろに大隊はニエマン川(ネマン川)河畔アリテュスへの移動を下命。当地ではじめてYak-3の引き渡しを受け、搭乗員たちは時ならずして本機が戦い疲れしたYak-1よりはるかにすぐれた運動性をもつことを体感した。8月初頭のあいだ4個飛行隊は激烈な戦闘に参加したが、アリテュス滞在の時期は部隊にとってふたつの点で心に識すべきものとなった。まず何より自由フランス軍のパリ解放を祝ったこと、もうひとつはスターリン直々の指示で「ニエマン」の名誉呼称を受けたこと。ソ連軍ニエマン川渡河の支援における部隊の尽力への答礼として授与されたのだ。

9月初旬もノルマンディ・ニエマン部隊は定例の対地攻撃任務を続けたが、まもなく搭乗員たちはYak-3が、前のYak-1ほどこの任務に向いていないことに気づいた。前者は軽対空火器の射撃で致命的被害を受けやすかったのだ。同月中旬から対地攻撃任務が減らされていき、そのかわりアントノースから出たあたりで遊撃哨戒を実施したが戦果はあまりあがらなかった。ながらく前線での作戦飛行が続いたあと部隊の古株搭乗員は休暇を許可されたが、来たるべきソ連軍のケーニッヒスベルク(東プロイセン州都、現ロシア領カリーニングラード)攻勢で頭がいっぱいだったので、ひとり残らず休暇の権利を断ってしまった。

このフランス人部隊は10月16日独軍機29機撃墜を報告、空地双方で苛酷な戦闘を繰り広げたこの週の末までに出撃回数480、各種撃破認定92を数

えるが、この間実に損失皆無だった。しかし散々取っ組み合いを繰り返したYak-3は戦果の増加とは逆に稼働率が低下、部隊はその実力を遺憾なく発揮することができなくなった。

かくして地上での攻勢作戦が終結した10月28日ころの時点で、飛行可能状態を維持しているYak-3は数えるばかりとなっていた。翌月ロラン・ド・ラ・ポプ上級中尉が、最高のソ連軍事勲章、GSSソ連英雄金星章をフランス人戦闘機搭乗員ではじめて(合計4名中)授与された。

この時期ド・ゴール将軍がモスクワのスターリンを公式訪問するが、ちょうどそのころソ連空軍はノルマンディ・ニエマン部隊を、友軍が唯一占領したドイツ本国内の前線飛行場であるグロス＝カルヴァイチェンへ配置転換させたところだった。部隊の到着直後から飛行場は雪に覆われ空路がまったく閉ざされてしまったため、より宣伝効果の高いドゴールのグロス＝カルヴァイチェン訪問は不可能となった。将軍が部下のところへ行けなければ部下が将軍のもとまで馳せ参じるだけのこと、大隊の面々は特別列車で2日がかりの道程を経てモスクワへと移動した。

到着日の12月9日、一行はフランス大使館外に整列。ド・ゴールはまずソ連兵に自由フランス従軍章を授与したのち、連隊記章として"ロレーヌの十字架"(自由フランスとレジスタンスの象徴)をさし与えた。このセレモニーののち3日間の休暇をもらったノルマンディ・ニエマン連隊搭乗員たちは、ドイツへの最終攻勢を開始すべく長旅を経て前線に復帰。大事な時期を迎え連隊指揮官はプイヤード少佐からデルフィノ少佐に交代する。

部隊として3期目となる作戦行動は1945年1月から5月まで続き、出撃の大部分は東プロイセンと独バルト海沿岸地方でのものとなった。4月末ドイッチェ＝エイラウ基地で部隊は新人搭乗員13名を増員。この人数をもって1個戦闘機連隊を新編し「フランス」飛行師団を創設するプランもあったが、まもなく立ち消えとなった。新参者の来着直後戦争が終結し、部隊はモスクワへの帰還を命じられたからである。

ふたたびソビエト連邦の首都に戻ってきた連隊は、大祖国戦争勝利への貢献に感謝する意味で乗機のYak-3をもち帰ってもよいと言い渡された。

歴戦のベテランたちは6月中旬にフランスを目指して飛び立ち、途中大過なくポーゼン、プラハ、シュトゥットゥガルト、サン・ディジエを経て同月21日フランス領空に入った。18時16分シャンゼリゼ通り沿いを低空で航過、24分後、大隊はフランス航空相とソ連駐仏大使の出迎えるル・ブールジェ飛行場に着陸した。とうとう本当の我が家に帰り着いたのだ。

第二次大戦中ノルマンディ・ニエマン部隊で空中勤務を経験した者は計95名、うち42名が戦死、または行方不明となった。所属搭乗員の個人単位出撃回数合計5240、うち869回で敵機と交戦、撃墜273機の戦果を報告している。

その他諸国の編成部隊
other nationals

1941年秋の英空軍第151ウイングによる極短期支援活動、あるいはより中身のある1943-45年の仏ノルマンディ・ニエメン部隊の例はあったが、ソ連が政治的必要性を感じていたのは諸外国兵の募集と各国空軍の創設であり、かつそれを独ソ戦のあいだ自国空軍の指揮管理下におさえておくことで

あった。ドイツ敗北にともなう先々のヨーロッパの地図を見通した政略眼のもと、心熱き愛国の士たる若年搭乗員を招集してポーランド、チェコスロヴァキア、ルーマニア、ハンガリー、ブルガリアへの最終侵攻に臨んだソ連のセンスは短期的にみて、あるいはひょっとすると長期的な見方をしても出色であったといえよう。

1944年7月、赤軍兵力がポーランドをめざして容赦ない圧迫を開始すると、同志ソ連の側で飛ぼうと同国から戦闘機、爆撃機搭乗員たちが嬉々としてやってきた。

まもなくポーランド兵だけの部隊がソ連空軍内に新編された。Yak-1装備のワルシャワ第1戦闘機連隊は実戦参加した初の同国戦闘機部隊となる。同年12月、ポーランド第4混成飛行師団を編成され、第1戦闘機連隊はその構成部隊となった。その直後新設された2個目の兵力は戦闘、襲撃、爆撃の各飛行師団を含んだ混成第1航空軍団でF・A・アガリツォーフ将軍の指揮を受けた。ポーランド部隊が終戦までに独軍占領地域へ向けて実施した出撃は、のべ5000機を超える。

チェコスロヴァキア人搭乗員も1944年はじめからソ連空軍部隊内で飛行を開始、その後同年7月チェコ戦闘機戦闘機連隊にまとめられた。引き続き拡張されてチェコ第1混成飛行師団となり、自国上の前線へと飛び込んでいく。

ルーマニアもほぼ同じで、1944年、対独協定破棄に続いてソ連が新しく同盟関係をたたき上げたのを受け、同国の力で自国飛行師団を編成した。ルーマニア第1航空軍団は第2ウクライナ方面軍へ組み込まれ、自国首都ブカレストからトランシルヴァニアへの進出を支援している。

ユーゴスラヴィアの場合、ソ連空軍は第236戦闘飛行師団（236.IAD）や、親衛第10襲撃飛行師団（10.Gv.SAD）といった特別部隊の編成を通してチトー将軍のパルチザンを支援していたが、独軍の占領からバルカン諸国を解放する最終攻勢の開始に先立ちユーゴスラヴィア兵充当第1戦闘機連隊が編成される。ブルガリア人戦闘機搭乗員も1944年9月に相当数を招集、第17航空軍で自国侵攻の第3ウクライナ方面軍の一助となって戦った。

1945年1月、スヴェーネ地方の冠雪地上をタキシングするのはユーゴスラヴィア第1戦闘機機連隊のYak-3。ポーランド、チェコ、ルーマニア、ブルガリアといった各国籍の兵で編成されたソ連軍戦闘機連隊はほかにもあるが、いずれの場合もソ連側上級指揮官の厳格な指揮下に置かれていた。

chapter 3
ソ連戦闘機とそのエースたち
fighter aircraft and thair aces

　これまで本書のなかで述べてきた通り、ソ連空軍は第二次大戦の航空戦になかなか適合できずにいた。前時代的な戦闘機の用い方、搭乗員養成環境整備の戦略的誤り、旧式な機体、そして多くの優秀な空軍上級指揮官や設計技術者の命を絶ったスターリンの粛清といった過去の遺産がからみあった結果、まずは数的劣勢のフィンランド戦闘機隊に対し、続いて独ソ戦初期の数カ月間、ソ連は著しい苦境に立たされる。クレムリンの政治家たち自体そもそも近代航空戦術の求めるものに対し理解がない以上、行き着くべきところへの道程は平坦なものとはなり得なかったのだ。

　バルバロッサ作戦開始直後に国防委員会から下された全軍需工業のウラル山脈以東（独爆撃機の行動圏外）への移転決定は、防戦一方のソ連空軍としては天の恵みだった。この大事業達成のため動員された1万名以上の労働者は、ただ移転作業をこなすのみならず、相当な困苦に直面しつつも記録的時間内で新しい製造施設を構築した。そして1942年までには、これら新工場がYak-1やLaGG-3などの新型戦闘機を量産しはじめるのである。また、MiG-3は低空域での性能不良が判明したことから、生産ラインから排除された。

　1941、42年の厳しい教訓はソ連の軍事的指導者、そして政治的指導者にも直ちに学びとられるところとなり、彼らは自国の最優秀設計者たちを使って当時最良の部類のピストンエンジン戦闘機を開発させる。大戦最後の数年はLa-7やYak-9のような機体がソ連戦闘機設計の優秀性を実証し、実戦経験を積んだベテランの手で独空軍Bf109、Fw190の天敵ともなりうることが示されたのだった。

▎複葉戦闘機
biplane fighters

　1930年代から40年代最初の2年間にかけてソ連戦闘機隊で中核をなしたのは、伝説的設計家ニコラーイ・N・ポリカルポフの手による複葉戦闘機I-15とI-15bis（I-152）、軽快で操縦性優秀だが時代からとり残されつつあった機体による大兵力だった。そして同設計局の生んだ究極の

独ソ戦以前のリーディング・エース S・I・グリツェヴェーツ（左）とG・P・クラーフチェンコが揃ってポーズをとる。ノモンハン戦中の1939年に撮影された一連の宣伝写真のひとつ。両者ともGSSを2回受賞しており、ここでのクラーフチェンコは上衣に赤旗章（左から2番目）やレーニン章（左端）を誇らしげに佩用している。

複葉戦闘機がアレクセーイ・Ya・シシェルバコーフ設計の-153であり、これは原型-15をよりすぐれた空力設計をもってリファインしたもので、ガル型上翼と引込脚が大きな特徴だった。量産初号機は1939年初春に前線へ到着している。

これより4年前、ソ連は世界初の単葉単座戦闘機実戦投入で大きな第一歩を踏み出していた。ポリカルポフI-16がその機体で、ボテッとした風体ながらスペイン、モンゴル両方面の戦闘でさっそく尖兵としての役目を勝ち取った。とくに後者では日ソ双方が抗争の舞台であるハルハ河地区上の制空権を得ようとしたため、相当数のI-16をもっての日本陸海軍戦闘機隊との大規模な空戦（150機をも数える）がみられた。

このときのソ連空軍は滑り出しこそ順調だったが、よりすぐれた戦術を駆使する日本戦闘機隊が兵力を増強すると、緒戦の戦果はまたたくまに帳消しされてしまった（詳細は本シリーズNo.6「日本陸軍航空隊のエース 1937-1945」2000年10月刊行を参照されたい）。とりわけ恐れられたのは日本陸軍の中島製九七式戦闘機で、共産側搭乗員は日本機に対すべきポリカルポフの能力を疑いだした。空戦経験豊富な熟練搭乗員であればモンゴル上空で対戦するどの戦闘機が相手でも一撃離脱戦法でなら渡り合えたが、九七戦や日本海軍の三菱製九六式艦上戦闘機に運動性で大きく負けている以上、戦闘

写真をとっているところを逆にフィルムにおさめられたS・I・グリツェヴェーツ。モンゴルにて。彼が着ている防水レザージャケットは、かの第二次大戦米軍用A-2と似てなくもない。スペインとノモンハンであげたグリツェヴェーツのスコアは個人、協同あわせて42機にのぼる。

1936年、スペインへ配備されたソ連搭乗員141名、地上員2000名の一部が到着直後カメラに納まる。派遣航空隊指揮官ヤーコヴ・スムシュケヴィッチは内戦を通じて部隊の指揮を執り名声を確立、1939年5月28日にはスペイン戦争で鍛えられたベテラン部隊を率いてノモンハンへ乗り込み、9月までに首尾よく日本軍を同地域から放逐した。1939年11月30日から「冬戦争」と呼ばれるフィンランド侵攻がはじまるが、このときスターリンは彼を適任者とみて航空部隊指揮官に据えた。ところが部隊はとんでもない大損失を招来、スムシュケヴィッチは翌年4月罷免された上に結局1941年10月28日、処刑されてしまった。彼もまたスターリンの飽くなき粛正に葬り去られたのだ。

もと共和党軍のI-15"チャト(しし鼻)"。内戦を生き残った本機は新生スペイン空軍でサン=ファビエの第32戦闘機連隊に編入運用された。

の分は悪くなるばかりだった。
[訳注：ノモンハン事件に関与したのは陸軍のみで海軍の九六艦戦は登場しない(日中戦争との混同であろう)。なお九七戦は旋回性能にすぐれるが、火力は7.7mm機銃2挺でソ連側と同等ないしそれ以下だった]

　同じような場面はスペイン市民戦争の時点ですでにみられた。共和党側のI-15はナショナリスト側のハインケルHe51やフィアットCR.32とCR.42に対して、少なくともはじめのうちは有効に戦った。しかし、"コンドル・レギオン(コンドル軍団)"の一翼としてルフトヴァッフェの最新鋭戦闘機メッサーシュミットBf109が登場すると、ソ連戦闘機はたちまち設計の再考を迫られることになった。この教訓に対するもっとも迅速な対応は1938年に40機のI-15へ施された兵装変更であった。これは従来装備していたほとんど用をなさない4挺の7.62mm機銃を、12.7mmBS機銃2挺へと改め火力を向上させたものであった。

　だがソ連のパイロットを骨抜きにしたのは旧式の機体だけではなかった。その戦術用兵自体もバルバロッサ開始当時大きく時代を外れていたのだ。独ソ戦当初ソ連空軍が用いた戦闘機運用法は、はるか以前1932年に空軍上級司令部で作成されたものだった。これが1942年まで信奉されるとは狂気の沙汰だった。このドクトリンは原則として2種並立編成の必要性を支持したもので、単葉機(I-16)と複葉機(I-15、I-152、I-153)の両戦力が呼応して敵編隊にあたることとされていた。単葉機は高速攻撃機として、または自隊離脱時正面を脅かす敵機に対処する役割を与えられ、反対に低速だが運動性の上回る(上昇率も単葉機よりよい)複葉機は敵との接近戦を行う想定だった。これすなわち原則上第一次大戦時の伝統的ドッグファイト(格闘戦)のスタイルである。

　戦闘機の戦術訓練はおしなべて戦闘機2種の統制戦闘法に集中、100機

一風変わったシルバー仕上げが自慢げなこのI-15は、胴体左側面を愛国的な赤旗の絵で飾り立て、その上にスローガン「共産党のために」を書き込んでいる。一緒に写っているのはこの機を常用したV・バーヴロフ搭乗員。

単位でも統制戦闘がとれるよう綿密に計画され、各部隊で入念に反復された。ところがスペインや中国での実証結果は戦争の予見困難をみせつけたわけで、この戦術はその欠陥を露わにし、失敗の波紋は遠くクレムリンをも揺るがせた。

1937年秋、実戦でのつまづきによってスペインでの苦い教訓を吟味する会合がクレムリンでただちに開かれることになった。主要戦闘機設計者や空軍高級将校が首府に出頭、航空戦力のポテンシャルに特別の関心をもっていた政治指導者イオーシフ・スターリン自身が議長となる。N・N・ポリカルポフと設計局主任アレクセーイ・Ya・シシェルバコーフは複葉機がいまだ当時の戦闘機用兵上重要な役割を演じうるとすると主張し、結局会議の最終結論としてポリカルポフにI-15のアップデイト版の製作が指示されたのだった。ここで開発されたのがチャイカの3番目の型式で、のちにI-153と称されるがI-15terと記述する場合もある。まずは本機をくわしくみる必要がありそうだ。

I-153戦闘機
И-153

I-153は原型I-15同様（I-15bis / I-152とは異なり）ガル型の上翼を用いた。原型で離着陸時の視界不良のため搭乗員側の不評をかった形態であるが、設計チームは再設計機で全周視界改善のためあえてその再使用に踏み切

ガル翼のI-153。対日戦における本機は中国やノモンハンでこそ多少の成功をおさめたものの、九七戦、九六艦戦、零戦一一型のような単葉戦闘機が出現すると、ソ連側搭乗員はそれまで戦線上で享受したさまざまな優位性をたちまち蝕みつくされてしまった。この写真は1939年中国で撮影された貴重なものである。

1941年末、ドイツのカイザーラウテンで公開された戦利品のI-153を示す写真。鹵獲されたソ連機の一定数が前線から後送されベルリン＝アルダースホフの航空研究所での性能評価試験に供された。

り、以後前線からこの手の不満はほとんど出なくなった。前述の通り引込脚の装備が特徴で、1939年、搭乗員がこの特質を特異な方法で生かし日本戦闘機との空戦を有利に展開したという記録がのこされている。

ソ連搭乗員たちは新着のI-153をわざと脚を下げたまま飛ばし、九七戦のパイロットがもろくてかなり遅いI-15だと思って攻撃してくるよう誘いをかけたのだ。ひとたび日本側が罠にかかればソ連搭乗員はさっそく脚を引き揚げてスロットルを開き、回り込んで相手をやっつけにかかる。ソ連側の主張するところでは本機が参入した最初の空戦でこの戦法を用い、味方9機で損失なく九七戦4機を撃墜する大成功をおさめたという。しかしこの戦闘に加わったソ連搭乗員はおそらく相当の腕力をもっていたのに違いあるまい。なにせI-153の脚上げは手動クランクなのだ。

そういうちとウサン臭い戦果はあるとしても、I-153は九七戦や九六艦戦の脅威に対する有効な対応戦力となすには無理があったし、1939年末、中国戦線に日本海軍の零式艦上戦闘機一一型増加試作機が限定的ながら投入されると、高運動性、大航続距離、かつ速度は530kmも出るこの三菱機との空戦でポリカルポフの機体は単葉も複葉もバタバタと落とされてしまった。

I-153は同時期のポリカルポフ複葉戦闘機のうち唯一スペインでは実戦に参加しなかったものの、対フィンランド短期冬期戦役や独軍侵攻緒戦期を通し幅広く用いられた（ただし3437号機納入をもって1940年末生産終了）。独空軍のブリッツクリーク第一撃の際多数が破壊されたが、かなりの機が猛撃から生き残り敵機と戦おうとした。しかし上がったところでしょせん相手はBf109、さっそく落とされてしまった。

それでもI-153で首尾よくエースの称号を手にした搭乗員も少数ながら存在しており、その例として第71戦闘機連隊（71.IAP）の屈強なる2名がいる。A・G・バトゥーリン大尉は9機撃墜達成後、1942年10月にGSSソ連英雄金星章を受勲、K・V・ソロヴィヨーフ大尉は1942年8月5機撃墜でGSS受章者となった。なお同隊はこの時期フィンランド湾で行動中であった。

I-16戦闘機
И-16

ポリカルポフ作の革命的単葉戦闘機。初飛行は1933年12月30日、ヴァレーリイ・チカーロフの操縦で、以後8年以上のあいだ頑丈かつ敏捷な戦闘機として実績をあげた。ただしそのような特質はあったものの初心者にとっては習熟しにくい飛行機で、若い搭乗員が慣熟の初期課程で多数命を落とすこととなった。スペインや中国での実戦でI-16は当初複葉機相手に大戦果をあげたが、Bf109、九七戦、のち零戦の投入で搭乗員たちはたちまち狩る側から狩られる側へと追いやられてしまう。

それでもなお独ソ戦初期のI-16は、強大な独空軍を向こうに回しながら熟練搭乗員の操作のもとで善戦した。ここで例としてあげる第131戦闘機連隊（131.IAP）の日誌は、バルバロッサ開始以降の6カ月間にI-16が有効使用された様子を活写しているものだ。この期間本機は昼間侵攻する独戦闘機隊との交戦、日没後夜間空襲を行う独爆撃機の迎撃、また陸軍部隊が押されていればその支援に使われた。

第131連隊のI-16搭乗員は6016回もの出撃単位（ソーティ）［訳注：「ソーティ」は作戦活動の規模を量的にあらわす単位。この場合は作戦活動中に

バルト海艦隊航空隊親衛第4戦闘機連隊（4.Gv.IAP, VVS,KBF）のI-16。1942年、出撃の合間に撮影されたものでエンジンに凍結防止のカバーをかけている。本部隊はレニングラード補給線として重要なラドガ湖上空の防備に従事した。

のべ6016機が出撃したことを示す]をこなし、空中戦で68機、地上襲撃で30機の撃滅を報告。代償として搭乗員27名と43機を失った。初の敵機撃墜報告は独軍侵攻12日目のD・I・シーゴフ少尉で、ノモンハン紛争以来のベテランはおっとり刀で緊急発進後、ティラスポリ爆撃のため接近中のJu88 2機を攻撃。高度をとって爆撃機の背後を占め、近接して射撃開始、火災発生から結局撃墜に至った。シーゴフはのちにGSSを受章、彼と同様に受章者となったI・V・ダヴィードコフ少佐は1941年10月31日付で任命された本部隊の指揮官で、以後部隊が1943年2月8日親衛部隊称号を得た後も本職を続けた。

そのほかI-16でかなりの戦果をあげた人物として北洋艦隊第72戦闘機連隊（72.IAP,SF）のボリース・サフォーノフがいる。彼はその後ハリケーンへ転換したふたり目の搭乗員となった。また、バルト海艦隊親衛第4戦闘機連隊（4.Gv.IAP,KBF）ミハイール・J・ヴァシーリエフ上級中尉、さらに同部隊でもうひとりI-16で大戦果をあげたゲンナーディイ・D・ツォコラーエフ上級中尉は、1942年6月14日にGSSを受章した。バルト海艦隊第21戦闘機連隊（21.IAP, KBF）アナトーリイ・G・ロマーキン上級中尉も同様の栄誉を得、受章理由の大部分となる業績をあげた乗機I-16コード"白の16"はその後レニングラードの国防博物館に展示された。

ポリカルポフのI-16は約13500機が生産され、同設計局としては他機種から相当の大差をつけての筆頭成功作となる。バルバロッサ前夜のソ連全保有戦闘機中65%以上を本機種が占めていた事実をもって、1941年当時なおソ連空軍の最重要機種であったということがおしはかれよう。

新世代戦闘機
new generation of fighters

1941年6月ころの全ソ連戦闘機中10%前後が"新世代"戦闘機（すなわちLaGG-3、Yak-1、MiG-3）であり、6、7カ月程度前から生産に入っていた。出

現理由は明白で、ポリカルポフ設計局の機体が実戦で歴然たる能力不足を露呈したため。1937年のクレムリン会議の余波を受けて新航空設計チームが編成され、可及的すみやかに革新的設計を開発する使命を与えられた。

1938年9月に設立したこれら設計局(OKB)のひとつが才士S・A・ラーヴォチキン、M・I・グドコーフ、V・P・ゴルブノーフの組で、開発機体名としてラーヴォチキンの名を使った。チーム設計機第1号はI-22(空軍実用時LaGG-1)の呼称を付与、同機種の大改修型(ラーヴォチキンの記憶ではI-301)がLaGG-3の開発へとつながっていった。

■ LaGG-3戦闘機
ЛаГГ-3

ラーヴォチキン、グドコーフ、ゴルブノーフは表面上同一設計局勤務となっているが、経歴のどこをみても特別緊密な関係はなかったようであり、1940年秋以降は場所的にもそれぞれ距離を置いていた。それでも1941-44年の時期は各個独立してLaGG-3諸派生型の設計責任を負っている。

LaGG-3は1941年1月に量産を開始、製造拠点は4カ所だが中心的"母工場"はセミョーン・アレクセーエヴィッチ・ラーヴォチキンのいるゴーリキィ(現ニジニイ・ノブゴロード)だった。1940年末にソ連政府が出した初期発注では翌年7月1日を期限として実戦用機805機を引き渡すものとされていたが、生産遅延のため独ソ戦開始までに空軍が受領した機数は322機にとどまった。

プラスチック浸潤木(通称"デルタ木材")構造、ベークライト圧着合板外皮。当初は1100馬力のクリモフM-105P 12気筒液冷エンジンを用い、武装はベレジンUBS 12.7mm機銃3梃、7.62mm機銃2梃であった。初期の機体は大きすぎる馬力過重、重すぎる昇降舵、方向舵といった生来の設計的欠陥のほか素人並の低い工作仕上げにも悩まされ、Bf109やFw190のいずれと戦ってももろかった。

最初の戦闘報告が前線から帰ってくると、この新型戦闘機の評価は悪く、ラーヴォチキンは当然スターリンのひんしゅくをかってしまう。しかし1942年末、ようやくLaGG-3の機体に空冷のシュヴェツォフM-82 1700馬力エンジンが装備されると(この新型機がLa-5の呼称を付けられる)スターリンもふたたび本設計局をひいき目でみるようになった。当初LaGG-3についてソ連空軍が経験した問題は、機体自体から起こるものだけではない。新米搭乗員を本機種に転換させるため空軍側が作成した転換訓練要綱が内容不充分だった点もそうで、1941年当時実戦部隊配属前のLaGG-3実用転換訓練時間は20

1944年春、ノヴォロシーイスク近辺で活動した黒海艦隊航空隊第9戦闘機連隊(9.IAP、VVS,ChF)所属のLaGG-3(シリーズ66)"白の24"。シリーズ66は本機種の最終生産型で、初期型と比べるとかなりの空力的改修を導入、そのほかにも4分割排気管、短いアンテナマストが本ヴァージョンに共通の特徴として判明している。第9連隊のLaGG-3は通例尾翼端のイエロー塗装とプロペラブレードの白線で識別がつくが、本機の場合もそれがきっちり記入されている。

こちらはもとソ連空軍第524戦闘機連隊（524.IAP）のLaGG-3（シリーズ35）。1942年9月14日ヌーモイラ近辺で搭乗員が胴体着陸をしたあとフィンランド側に捕獲された。不時着で機体は損傷したが、フィンランド空軍はこれをすぐ修理して再塗装、LG-3の機体標識をつけた。同軍は戦闘機や爆撃機が極度に不足していたため捕獲したソ連機もかなり使用し、しばしば実戦再投入した。1944年2月16日にはLaGG-3捕獲機LG-1号でE・コスキネン曹長がソ連側LaGG-3の撃墜を報告した事実もある。

ほとんど絶え間ない戦闘哨戒の合間でちょいと一休み。1943年なかごろ、LaGG-3のすぐ鼻先で列を作って暖かい食事の順番待ち。

時間しか予定されていなかった。悪条件はそれだけにとどまらなかった。前線部隊では地上員たちが気難しいクリモフエンジンと仲良くするのに手を焼いており、整備不良も多かった。事実、本機を装備した部隊の士気は相当低く、搭乗員も整備員も陰で本機種の名称LaGGのことを「ラキローヴァヌイ・ガランティーロヴァヌイ・グローブ（Лакированный Гарантированный Гроб）**La**kirovany **Ga**rantirovanny **G**rob：上製保証付棺桶」などと呼んでいたのである。

〔訳注：Lakirovany：英訳ではVarnish。ロシア語はラッカー塗装、英語はワニス塗装が直接的意味だがいずれもエナメル仕上げ、転じてうわべだけの粉飾の意味を持つ。直訳は「ラッカー仕上げの高級棺桶」〕

GSS受章者N・スコモローホフは、第31戦闘機連隊（31.IAP）で本機を使っていた緒戦期の対Bf109戦を簡単にこう振り返る。

「武装はBf109とそんなに変らないがLaGG-3は遅いし重いし、動きも相当鈍かった」

独軍侵攻当時は比較的少数派だったLaGG-3も、以後半年間全戦闘正面

冬季白色迷彩の汚れが著しいLaGG-3（シリーズ35）"赤の59"。1942年冬のあいだ親衛第3戦闘機連隊（3.Gv.IAP）のGSS受章者カベーロフが常用した。

で幅広く使用され、実際ソ連北東部カリーニン方面軍ではソ連戦闘機兵力のほぼ半数を本機種が占めた。1941年中は相当の損失を被ったが、搭乗員がより多くの経験を積んだため撃墜と被墜の割合はソ連側からみて改善されていった。製造技術も向上し、年が変わるころには量産速度もかなり上がり1942年中期の時点でソ連空軍戦闘機兵力は11.5%がLaGG-3で構成されていた。

本機種を乗りこなした著名なエースには、最終的に空戦撃墜41機を達成しGSSを2度受章したV・I・ポプコーフ、1941-42年のモスクワ防衛中本機種で敵機15機を落とした第178戦闘機連隊（178.IAP）のG・A・グリゴーリエフ大尉などがいる。バルト海艦隊親衛第3戦闘機連隊（3.Gv.IAP, KBF）のS・I・リヴォーフ大尉は1943年7月24日にGSSを受章するが、本機種で個人6、協同22機撃墜を達成していた。またV・P・ミローノフ大尉も個人21機撃墜でGSS受章者となった。

La-5戦闘機
Ла-5

M-82星型エンジン導入でみられたLaGG-3の性能改善はすばらしく、"上製保証付棺桶"で忍耐を強いられていた搭乗員たちの懐疑もたちまち解消された。当初はLaG-5、LaGG-3M-82と称された本機は特設実験部隊によって1942年9月、スターリングラードで初期実働状態テストを実施。新型機の操縦特性が悪癖の強いLaGG-3のそれと比べ著しく良好である点が同隊の搭乗員によってさっそく確認され、大戦中期のソ連戦闘機中の傑出機種となった。Yak-7Bと並びLa-5FNの優秀性により、ソ連戦闘機搭乗員はしだいに強い自身を得ていた。

戦時中のソ連空軍主要エースにもLa-5を使って活躍した人物が何人かいる。ソ連女性戦闘機搭乗員でもっとも有名な第437戦闘機連隊（437.IAP）のリーリャ・リトヴァックもそうだ（彼女はのちに第287戦闘飛行師団＜287.IAD＞でYak-1へ乗り換える）。個人25機、協同5機撃墜のP・Ya・リホレートフ、個人28機、協同10機撃墜のニコラーイ・ゾートフ、このGSS受章者2名はいずれも第159戦闘機連隊（159.IAP）で本機種を使用。62機撃墜で第二次大戦連合軍パイロットの最高記録保持者イワーン・コジェドゥーブもLa-7へ

本写真の背景として写っているLa-5FN、コード"白の15"は個人25機、協同5機の撃墜戦果をその戦歴中であげたGSS受章者P・Ya・リホレートフ大尉の専用機。胴体のスローガンは「殺されたヴァシカーとジョールのために報復する（Жа Васька и Жору/Za Vas'ka i Zhoru）」と読める（70頁の写真を参照）。1944年夏、レニングラード付近の飛行基地で、第159戦闘機連隊（159.IAP）の部下搭乗員に対するボクルイーシキンの即興「個別指導」のあとを受けて部隊の上級士官がセミナーを開いているところ。
［訳注：ボクルイーシキンは所属部隊からボクルイショフの誤りと推定される］

第159戦闘機連隊（159.IAP）のLa-5"白の66"、1944年夏、カレリア戦線。胴体の書き込みは戦前の大飛行家ヴァレーリイ・チカーロフへの賛美、そして本機がゴーリキイのコルホーズ労働者から献納されたものであることへの感謝の意を表したもの。

1944年末、哨戒飛行の列線をぬけ出すLa-5FN。第239戦闘機連隊（239.IAP）のG・P・クズィミーン、親衛第137戦闘機連隊（137.Gv.IAP）のI・P・パーヴロフ、バルト海艦隊航空隊親衛第3戦闘機連隊（3.Gv.IAP,VVS,KBF）のGSS受章者クラフストフなど、このラーヴォチキンの傑作空冷エンジン戦闘機に乗ってエースの称号を得た搭乗員は数多い。

乗り換える前にLa-5とLa-5FNを使った。そのほかGSS 2個保持者のヴィターリイ・ポプコーフもハイスコアのLa-5FN搭乗者で、個人41機と協同1機以上の撃墜をほとんど本機種であげた。

戦果の面からはLa-5が最優秀搭乗員とはいえなかったが、エフゲーニイ・ヤコヴレヴィッチ・サヴィーツキイは1961年に空軍内最上位の航空元帥までのぼりつめた人物となった。NKVD（内務人民委員部）付属孤児院で幼少時代を過ごし十代で空軍入隊、30歳で将官に達した彼ならではの猛昇進である。戦時中I-16、LaGG-3、La-5、Yak-1、スピットファイアを使用、終戦までに少なくとも個人撃墜22、協同撃墜3機の合計戦果をあげた。GSSを2度受章し、約216回の作戦出撃は極東、モスクワ、クバン半島、ベルリンでのものだった。

戦争最後の年に至るまでLa-5F［訳注：La-5シリーズの中期量産型］がなお正真正銘有力戦闘機であると示したのは親衛第19戦闘機連隊（9.Gv.IAP）のP・S・クターホフ少佐で、本機種を用い個人14機、協同28機撃墜の多くを

1944-45年のあいだにカレリア方面軍で記録している。

駐機中の新品La-7、1945年初頭モスクワにて。

■ La-7戦闘機
Ла-7

　La-7は基本的にLa-5を空力的に洗練したヴァージョンである。1943年末に初試験飛行し、翌年はじめ実地試験に供されて、5月ころ戦闘機連隊への

イワーン・コジェドゥーブは1945年初頭の親衛第176戦闘機連隊(176.Gv.IAP)副長時代La-7 "白の27" を使った。1960年代末当時公開中の本機にはゴールドスター3個と撃墜62機全部を示す印が記入されている。

離陸から上昇にうつるLa-7。所属などは不明。

配備を開始した。本機は最高速度681kmを出し上昇性能が向上、航続距離も増大したとあって上位エースや親衛連隊で好んで使われた。孤高の猛者スルターン・アメート＝ハーン少佐（もとハリケーンのエース、終戦時の最終戦果個人30機、協同9機）は本機で大活躍しており、イワーン・コジェドゥーブも大戦最後の戦果、第54爆撃（戦闘）航空団第1中隊（1./KG（J）54）のMe262A、クアト・ランゲ中尉機をフランクフルト・アン・デア・オーデル上空で撃墜した際本機を使っていた［訳注：KG（J）は爆撃機隊が戦闘機に機種転換した特例措置を示す］。

■ MiG-3戦闘機
МиГ-3

　これは今でこそ有名なミコヤン＝グレーヴィッチ設計局が無事実戦運用まで至らしめた最初の戦闘機で、平穏無事でもまともに飛ばすのに骨が折れる始末、戦争ともなればいわずもがなといった機体であった。アレクサーンドル・ポクルイーシキンも本機の操縦席に納まって戦場へ突入した搭乗員のひとりで、彼は本機のことを以下の通り簡単明快に述べている。

　「すぐ好きになった。たとえればハネッ返りのじゃじゃ馬だろうね。よくのみ込んでいて扱えば矢のように走るけど、もしコントロールし損ねたらひづめの下でペッチャンコ」

　1941年6月22日当日の彼の乗機がMiG-3で、侵攻時点で空軍へ引き渡し済だった1289機のひとつだった。実際MiG-3は開戦当時、新世代戦闘機3兄弟でもっとも数が多く、1941年中期の前線兵力中ちょうど10％を占めていたが、同年末ころ、この値は41.2％まで上昇した。

　基本はMiG-1を慌てて改修したもの。元ポリカルポフ設計チームのメンバーでOKB（試編設計局）のアルチョム・I・ミコヤンとミハイール・Y・グレーヴィッチがとり行った設計作業の産物で、主任設計者である両名のほかに、ブルーノフ、アンドリアーノフ、セレツキイら設計技術者、さらに空力学者マテュークといった専

アレクサーンドル・ポクルイーシキンの戦術訓話に拍手を送るMiG-3の搭乗員たち。うしろでひとり、エースの教えをルフトヴァッフェ相手に実践すべく出撃準備中。

門家たちが設計作業に加わっている。ミコヤンとグレーヴィッチの設計局は1939年1月のクレムリン会議（このときもスターリンが議長）で新戦闘機要求仕様が発せられたのち、モスクワはヴヌコーヴォゴ飛行場内第1GAZ（官営工場）でミコヤンを長として設立されたものであった。

当初I-200と呼称されたMiG-1原型機は、A・N・イェカートフ、ステパーン・P・スプルン、P・M・ステファノーフスキイ、A・G・コチェトコフらテストパイロット陣の手で飛行したが、イェカートフはMiG初期生産機の1機でエンジン故障に遭い墜死、のこる面々はなんとも危険だらけのMiG-1の試験を生き残ったのちMiG-3装備の第401、402戦闘機連隊（401., 402.IAP）内に設置された空軍科学調査研究部（NII VVS）の同僚と合流する。両戦闘機連隊はソ連最高司令部（VGK）直轄部隊で、実はこのあとステパーン・スプルンとピョートル・ステファノーフスキイがそれぞれの指揮官となるのだが、まもなくスプルンがヴィーテブスク近郊トロチノ付近で撃墜されてしまったため、代ってK・K・コキナーキが第401連隊長に着任。同隊は1941年6月30日から10月末の期間中に敵機約54機をMiG-3で撃墜するが、こののち解隊となった。

独ソ戦におけるMiG-3の初戦果はバルバロッサ初日の朝、D・コーコレフ中尉が報告したドルニエDo215で、その直後ヘンシェルHs126観測機がミローノフ中尉機の銃撃を受け墜落。同日はその後もMiG-3搭乗のカルマーノフ大尉がモルダヴィアのキシニエフ上空で3機撃墜を報告、この3名はいずれも短命部隊の第401連隊出身であった。

ステファノーフスキイの第402連隊はスプルン隊よりずっと長続きした。7月はじめより激戦に突入し、初戦果はヴェリーキエ・ルーキでDo215を落としたアファナーシイ・グリゴーリエヴィッチ・プロシコフ大尉、ネヴェル上空でBf110撃墜を報告したM・S・チェノーソフ中尉がものにした。

同月中旬、ステファノーフスキイは第402連隊を離れ、モスクワ西管区防空司令部戦闘機集団司令に着任。構成10個戦闘機連隊中MiG-3装備は2個連隊、配備地はトゥーシノ飛行場であった。ソ連空軍の伝説的搭乗員の多くが本戦闘機集団で事始めを経験するが、そのなかにはのちのNIIテストパイロットで、ソ連側が鹵獲した最初のメッサーシュミットMe262ジェット戦闘機を飛ばすことになるマルク・ガライもいた。

モスクワ防衛戦中MiG-3は夜間戦闘機としても使用された。ステファノーフスキイから指揮官が変った第402連隊は、昼夜にわたり戦闘機任務の大事な役どころを演じ続けていた。8月初旬に第57混成飛行師団（57.SAD）へ編入され、同隊の一翼としてスタラ・ルッサ、ノブゴロードでの作戦に参加、その後1941-42年の厳しい冬のあいだ北西戦線の戦いに加わる。1942年はじめのタマン（タマーニ）半島敵橋頭堡攻撃はMiG-3時代の最後を飾った。

戦疲れした機体もそろそろルフトヴァッフェ新型戦闘機陣を前に旧式化の悲鳴をあげはじめたため、同隊は1942年晩春、MiG-3に見切りをつけて他機種に改変した。その後の第402連隊はマグヌショフ、スタルガルド、ピワで作戦を続け、Yak-9を使ってのベルリン哨戒飛行で終戦を迎える。この時点で所属搭乗員の報告撃墜戦果は800機を超えていた。

MiG-3は広い戦域で使用された。これは穏和な南西ウクライナのステップから戦略港ムルマンスクを囲む極北の荒れ地まで、ソ連国内でみられるどんな極端な風土のもとでも本機が活動できた証明である。結局MiG-3は1944年はじめころまでに前線部隊から引き揚げられたが、防空戦闘機隊では終戦

黄昏の4機。居並ぶ独特の外形はMiG-3である。ソ連戦闘機の多くがバルバロッサ作戦冒頭の爆撃で失われたが、それは各部隊がこの写真のような開兵式場さながらの駐機法をとっていたところを襲われたため。

まで使われ続けた。

以下に記すアレクサーンドル・ポクルイーシキンのコメントが、MiG-3という機体のもつ功罪をすみやかに連想させる。

「設計家が戦闘機の飛行特性と火力の両方をうまく合致させるなんてそうそうないよ。……MiG-3はあつかっていてよいところもあるけど、何やかやと短所があったせいで影を薄くしていたんじゃないかな。でも長所を見つけ出せたパイロットは確かにその部分をうまく使えたんだ」

Yak-3戦闘機
Як-3

最重要作Yak-1の発展型ヤコヴレフYak-3はクルスクで実戦デビューを果たすが、これは前作が8721機の供給をもって生産終了したのと時期を同じくする。Yak-1の成功の上で造り出された本機種は切れのよい操縦性、目を見張る運動性、最高速度の高さ（655km/h：高度3100m）とすぐれた武装により、ソ連搭乗員のあいだできわめて高い評価を得ることとなる。

ノルマンディ・ニエマン部隊が本機種をこのうえなく見事に使いこなしたことは本書でも既述したが、ソ連側搭乗員でもGSS 2度受章の器S・D・ルガーンスキイ少佐（個人37、協同6の撃墜戦果はほとんどスターリングラードとその後のウクライナ戦線で本機を用いてあげたもの）や、エース第3位のポクルイーシキンが一時期Yak戦闘機で成功をおさめている。

La-5同様Yak-3もソ連搭乗員が自信をもてる機体であり、1944年7月17日、たとえ相手の数のほうが多い空戦でもそうだったことをはっきりと実証した。護衛戦闘機付きの敵機60機の編隊にYak-3隊はわずか8機で猛然と突っ込

これは情報省公表写真で、1943年4月のクバン河会戦初期、星に羽根のエンブレムを誇示する第3戦闘航空軍団（3.IAK）所属のYak-7B群を描写したもの。写真裏面に記されたオリジナルキャプションは以下の通り。「ずらり並んだ軍用機：バシキール自治共和国集団農場数カ所から赤軍航空隊へ献納されたもの」。

これも1943年撮影された情報省オフィシャルの一葉だが、こちらは整備中のYak-1を背景としたもの。手前の陸軍兵は戦闘間に一服しているところで、オリジナルキャプションはこうだ。「モズドーク地区で行動中の某戦闘機隊は7日間の攻勢期間中渡河点数カ所と敵兵多数を打破した由。同隊はこの際敵機7機を撃墜。写真で示すのは敵を清走させた地点で修理中の銃火器」。

んだが、続く乱戦で独側はJu87 3機とBf109G 4機を失ったのに対し、ソ連側は損失皆無だったのだ。

Yak-3の総生産数は4848機の多くを数え、最終機が工場を出たのは1946年はじめのことであった。

Yak-9戦闘機
Як-9

1943年末にソ連空軍が実戦導入したYak-9は、制空戦闘、戦闘爆撃の両任務に従事した。ヤコヴレフ設計陣は後者の任務をあらかじめ考慮しており、対装甲目標、対水上目標、対爆撃機任務を可能とすべく本機種に大口径砲を搭載。Yak-9T（Tはロシア語で「重」の頭文字）として制式化された派生タイプのバリエーションでは、対戦車戦用の23、37、45mm砲を機内装備していた。これと比較して標準的なYak-9は、搭乗員の腕しだいでBf109Gや出現まもないFw190A-3、A-4との空戦を優位に進めうる性能をもっていた。各型合計16700機前後の総生産機数を記録し、その大量生産ぶりをもって1944年中期当時の前線部隊配備戦闘機は、他機種すべてを合わせたよりYak-9のほうが多い状態となっていた。

Yakのトップエースとしてはイワーン・I・クレシチョーフがいる。初陣はノモンハンで、1942年5月、カリーニン戦線の第521戦闘機連隊（521.IAP）長在任中にGSSを受章。この時期彼の戦果は個人6、協同13を数えた。翌月、新編の第434戦闘機連隊（434.IAP）に指揮官として配置、当初モスクワ、

作戦任務への出撃を前に乗機Yak-1からカメラへ手を振るのは、黒海艦隊航空隊第8戦闘機連隊（8.IAP,VVS,ChF）のL・K・ヴァストルキン中尉。同部隊は1942年春季セヴァストポリ戦域で行動した。

派手なマークのYak-9。操縦席に搭乗員V・T・ググリージェをおさめて1944年夏のベラルーシで撮影。文言 3 а брата Шота/Za Brata Shotaの訳は「兄弟ショータのため」、また写真からは読みとりにくいが、矢印のなかにНа Запад/Na Zapad「西へ」と書かれている。

前線近くで搭乗員が傷ついた乗機を基地帰還までなだめきれなかった結果、不時着することはめずらしくない。このYak-9はうしろの農家からえらく近いところに降り立ったものだが、これでは家人もおちおちしていられないだろう。居住地域内へあらわれた機体が、地域住民から相当な見世物あつかいを受けるのはまず間違いない。

続いてスターリングラード西部へ移動しYak-1でふたたび実戦を経験。のちYak-7、Yak-9と改変し、クレシチョーフはこれらの機体を用いてスコアを個人16、協同32まであげた。しかしその後撃墜され、負傷してしまった。

M・D・バラーノフもYakを乗機としたハイスコア・パイロットで、1943年1月17日に飛行事故死するまでYak-1を用いて最低24機撃墜まで達していた。また、終戦間近の1945年3月22日、第812戦闘機連隊(812.IAP)のL・I・シフコーは乗機Yak-9でソ連空軍初のMe262ジェット戦闘機撃墜を果たす。彼はこののち反対にもう1機のMe262から捕捉されあっさり墜落、戦死するが、彼を撃墜したのは戦時中同機で上位ジェット・エースのひとりとなるフランツ・シャルだった可能性もある(詳細は本シリーズ No.3「第二次大戦のドイツジェット機エース」 2000年4月刊行を参照されたい)。

スターリンの影響力
stalins influence

イオーシフ・スターリンは赤軍総司令官として、スターフカ(最高司令部)の活動に目を光らせ、かつ相当程度コントロールをきかせていた。彼は航空戦の指揮に強く興味を示し、自分からよく航空部隊指揮官や航空機設計技術者たちへ関わっていったが、1930年代末の粛清で遺憾なく発揮された通り周知の凶悪非情な性格ゆえ、その関わり方は強圧的、ないし脅迫じみたものであった。

戦闘機設計者の指導的立場にあったアレクサーンドル・ヤコヴレフはスターリンから精神的威圧を感じていたが、それは彼が情報をよくおさえて首を突っ込んでくること自体もさることながら、スターフカからほど近いクレムリンの壁の向こう、執務室での談合で彼がどんな判断をするかが本音の理由だった。戦後の自叙伝でヤコヴレフは、当時の航空機生産責任者P・V・デメーンチェフとふたりでスターリンのオフィスへ呼び出されたときのことを回想している。"お内裏"に入った彼らが直面したのは、テーブルを美しく装った一片のYak-9主翼構造材。割れている。出だしから険悪な沈黙が漂ったあとでスターリンは構造材を指さし、これに悪影響をもたらした問題について何か知っているかと訊いた。ふたりが答えるより早く彼が前線報告書を読み上げて聞かせると、それはYak-9の主翼外皮が空戦の荷重のため剥落してしまうとの申し立てであった。

そこでヤコヴレフとデメーンチェフは、自分たちがこの問題を承知していること、生産工場で質の悪い接着剤や塗料を使用するのが原因で起こること、目下解決策を模索中であると返答した。スターリンはなおも質問をあびせかけ、いっそう不安をつのらせるがごとき答えを受けるにおよびとうとう爆発、実戦に使っている状況で分解してしまうような飛行機を作るなどとはヒットラーの手伝いをしているのか、と彼らを難詰した。ふたりはこの口撃で傷つき

もしたし、心の底から身の危険に怯えもしたが、デメーンチェフがこの問題を2週間以内で是正する旨スターリンに約束、期限ぎりぎりでなんとか彼がやりおおせたのはふたりにとってまさしくの僥倖であった。

■ レンドリース機
lend-lease aeroplanes

独ソ戦中、ソ連空軍は自国製の各種戦闘機を使用し、そのほかに主としてレンドリース（武器貸与）協定のもと英米からソ連側へ引き渡された多数の機体が使用された。アメリカからはアラスカ＝シベリア空輸回送ルート経由を主体として9438機もの戦闘機が供給、最多数派のP-39エアラコブラはポクルイーシキンやレチカーロフのすばらしい感性で有効に用いられた。

ソ連が引き渡しを受けた全機種中戦闘機がもっとも大きな割合を占めており、供給軍用機総数の72%前後を数える。英軍機としてはスピットファイア（ほとんどがMkⅨ）とハリケーンが主流で、後者はソ連向け全レンドリース機の最初に到着、結局2952機と相当数がソ連へ送られた。ここではRAFのおさがりであったハリケーンの第1次引き渡しを巡る、1941年秋のレンドリース冒頭期における活動状況を紹介する。

当時No.81Sqnでハリケーン搭乗勤務のエリック・"ジンジャー"・カーター

ベルP-39エアラコブラは大戦中少なくとも4924機がソ連に来着。その輸送は以下の4ルートから選んで実施された。すなわち、ALSIB（アラスカ～シベリア空中回送）、米国からムルマンスクへの船便直航、英国から船便転送、そして海路ペルシャ湾（イラン）まで行ってからソ連に持ち込む方法である。本写真のP-39は親衛第21戦闘機連隊（21.Gv.IAP）で使われた機体で、書き込みの示すところクラスノヤルスクのコルホーズ労働者から献納されている。機の手前に立っているのは部隊の搭乗員V・N・ヤキーモフ（右）とN・I・プロシェンコーフ（左）。

P-39の撃墜マーク15個が示す通り、黒海艦隊航空隊親衛第11戦闘機連隊（11.Gv.IAP,VVS,ChF）のO・V・ジュージン上級中尉はジャスト・トリプルエース。彼はこの功により1944年5月16日付でGSSを受章した。

は、ソ連空軍への機体移管を補助するため同国へ送られた搭乗員のひとりであった。部隊は応急編成の第151ウイングに従属、ソ連到着時はムルマンスク近郊ヴァイェーンガを配備地とした。以下はその回想である。

「連中（ソ連）がうちの側について2週間あと、俺たち39名ほどはチャーチルに送り出されたわけだ。出るとき乗ったのは豪華客船のランスティーヴン・キャッスル、改装されて軍隊輸送船に使われていたんだな。アルハンゲルスクで集結したあと白海入口のムルマンスクへ派遣された。ドイツがこの戦略港を孤立化できればイギリスから出た援助物資はまったくロシアに着かなくなる」

第151ウイングは大半が北極圏境界（北緯66度34分）から170マイルほど北のムルマンスクへ向け進発する一方、同地から約300マイル南方のアルハンゲルスクに小部隊が残留、ランスティーヴン・キャッスルで箱詰め運搬してきたハリケーン15機の組み立てにかかった。英空軍とソ連側兵員間の密接な連携がはじまるのはまさしくこのときで、英側がまもなく箱詰めハリケーン用の組み立て工具類が準備されていないことに気づいたのがきっかけだった。とくに困ったのはプロペラ用スパナの欠如である。

北洋艦隊航空隊司令官Ａ・Ａ・クズネツォーフ少将に連絡すると、彼は自軍の技術者チームへ応急工具の製作を下命。梱包に図面を描くことからはじまって徹夜で工具の多くが作られた。その後も技術者たちは英空軍チームと協同で機体自体の本組み立てを行い、ハリケーンはたった9日間で全機飛行可能状態となった。しかし問題はまたしても発生、今度は兵装で、9月9日、ムルマンスクからソ連駆逐艦2隻の輸送によりアルハンゲルスクまで持ち込まれたブローニング機銃は、銃尾の逆鈎解放装置と撃発・安全装置の双方が未装着、かつ銃身取付基部は第151ウイングのハリケーンⅡBには装備不適合なMkⅠ用が付いていた。このような状況のなか、ソ連側の即応力とイギリス側の巧緻性のコンビネーションを通して地上員たちはとうとうハリケーン全機を作戦可能状態まで仕上げてしまい、航空団は時間を浪費することなく戦場へ赴いたのであった。以下詳細はふたたびエリック・"ジンジャー"・カーターの叙述である。

「俺たちが知っていたのは主に護衛任務に使われることと、ハリケーンの飛ばし方をロシアのパイロットに教える目的でそこにいたこと。敵（フィンランド空軍）とはたった10マイルしか離れていなかったから接触も多かった。何しろ脚とフラップを上げてピッチを合わすころにはもう敵機

誇らしげにGSSソ連英雄金星章を佩用する第17戦闘機連隊（17.IAP）V・F・シロティン少佐、1945年はじめ愛機P-39のコクピットにおさまったところ。彼のエアラコブラは21個の撃墜表示で飾った操縦席ドアの前に印象的なパーソナルエンブレムをつけている。ドイツ機を船舶のそばから追い払う鷲の柄で、どうやらシロティンはバルト戦域の船団護衛に従事していたようだ。

出撃行でまた1機戦果をあげて帰ってきたばかりの指揮官アレクサーンドル・ボクルイーシキンのまわりに集まる親衛第16戦闘機連隊（16.Gv.IAP）の搭乗員たち。1944年7、8月の撮影と思われる。この時期ボクルイーシキンは自身3回目のGSS章章が決まったことを知らされており、ソ連空軍搭乗員がこのような栄誉を授かるのは、はじめてのことであった。

親衛防空第26戦闘機連隊（26.Gv.I AP）はスピットファイアMk IXを装備し終戦にかけてレニングラード防空任務を担当した。1945年5月までにMk IXは964機前後がソ連へ供与、1943年5月に引き渡されたMk V 143機の代替兵力とされた。

の輪のなかってあんばいだから、小競り合いなんてもうしょっちゅう。近場だから爆撃もよくやられたもんだ。実際これもその空襲のときだったんだが、分散待機所からまっすぐ離陸しようとするとんでもない奴がいたんだな。

こいつにとって厄介なのは、マグネトーをテストするためエンジンをフル回転させなけりゃならんことだ。普通手続きとしては地上員をふたり尾翼に乗せてフルパワーのとき浮き上がらないようにしておくわけだけど。

そこらじゅう爆弾が落ちまくってるってのに兄ちゃんがふたり、このパイロットは"マグ"のテストをしてるだけだと思い込んだ。そのまま離陸するつもりだなんて知らないから、尾翼に乗ってやろうとここを先途と急いだね。ハリケーンはふたりを尾翼に乗せたまま離陸していって、500フィートあたりまで上がったところで墜落。地上員のふたりは即死、パイロットもあとで国へ戻ってからこのときの傷がもとで死んだよ。

ロシアにいた時分はBf109との手合わせが一番多かった。で、俺たちは護衛任務のときはペアで飛んで長機の尻尾を守るようにしていた。敵機を16機撃墜したらスターリンから手柄の見返りに240ポンド払ってきたけど、もちろん当時としてはすごい大金。あのころなら一戸建ての家が2件買えたよ。イシャウッド司令（H・N・G・ラムズボトム=イシャーウッド中佐）はそれを俺たちにはくれないでRAF共済基金へ渡しちゃったんだな。俺たちがご祝儀欲しさでうちわの落とし合いでもやりかねんと推論なさったわけ。

俺たちは、No.81SqnとNo.134Sqnの両飛行隊が認定された16機より、もっとたくさんの敵機を落としたってことは、いって然るべきだと思う。ロシアの対空砲火が自分たちの射撃地点からそれたコースの敵機まで報告戦果に入れてしまったケースがあるんだ。俺たちは報告戦果にこだわって味方のロシアと張り合わないよう教えられていたし、そうなってしまうとスターリンの

機嫌まで損ねることになる。どっちみち俺たちの関与をあまり表沙汰にしたがってなかったぐらいだからね。ただし俺たちがハリケーンの飛び方を教えた向こうのパイロットはまたケースが違うよ。見た感じおたがいうまくやってるようだった、というか、やらなきゃいけなかったんだ」

カーターの認識したところでは、若いロシアのパイロットにハリケーンの飛行法を教える際言葉の問題はさほど大きな障害ではなかった。

「通訳はふたりいたけど、何語でしゃべってもパイロットは何をせんとしているか伝えるぐらい大体できたし、ロシア人も俺たちの教えることをすぐ理解していたようだった」

No.81、134両Sqnとも1941年初秋の数ヵ月間、任務の相当部分でソ連爆撃機隊の護衛を実施しているが、その遂行上ソ連搭乗員ハリケーン飛行訓練任務の主体は後者が担当した。そのためこの時期英空軍搭乗員があげた空戦戦果の「獅子の取り分（オイシイところ）」はNo.81Sqn側が記録したものである。

ソ連空軍のハリケーン
VVS Hurricanes

北洋艦隊航空隊司令官A・A・クズネツォーフの隷下部隊として北部ロシアにあったソ連海軍航空隊のひとつ、第72戦闘機連隊（72.IAP VVS,SF）は、初の英戦闘機使用訓練部隊に選抜された。クズネツォーフは英空軍が尊敬と外交的節度をもって待遇される状態を確固たらしめる大事な役割を演じ、そうすることで彼の部下たちと英空軍側との協調的雰囲気が醸成されたのだった。

RAF派遣隊へ編入された最初のソ連側搭乗員はラプツォコフという名の教

1941年10月撮影の情報省公表写真。小柄な身なりは英空軍第134飛行隊のジャック・ロス大尉で、パラシュートの止め金を外している様子をソ連兵が面白そうに眺めている。第17飛行隊でバトル・オブ・ブリテンを通したロスは個人2、協同（分配合計）3、不確実2（ただし第15ウイング時代はなし）の戦果をあげたが、1942年1月6日アイリッシュ海で哨戒飛行中命を落としてしまう。北部アイルランドのエグリントンを出たいつも通りの飛行だったが乗機ハリケーンIIBがエンジン故障、無事機を捨てたものの結局行方不明となった。

本写真の情報省キャプション曰く「手に手を取って：英側航空技術担当フリーマンがソ連側搭乗員V・マクシモーヴィッチにハリケーンの運用法を指導中」。

ボリース・サフォーノフ（右端）や第72戦闘機連隊（72.IAP）の搭乗員3名と熱い議論を交わしているのは英空軍"ミッキー"・ルーク大尉。1941年7月のNo.134Sqn新設時基幹戦力としてNo.504Sqnが充当されたが、この人物は1938年以来同飛行隊に属していた。個人2、協同1、不確実1の撃墜を記録して終戦まで生き残ったが、このうち協同の1機が第151ウイング時代にソ連で報告されたもの。(Petrov)

ソ連搭乗員がアイドリング中のハリケーンIIBのコクピットへよじ上ろうとしているところ。ソ連空軍は英第151ウイングからハリケーンを受領後まず兵装の変更を実施、英側装備から自軍規格のもの(ShVAK 20mm×砲2、ベレシンVB12.7mm機銃×2)とした。

1942年、ハリケーンの翼下に座って教官殿から"ありがたい教え"をおし戴く一団のソ連機搭乗員。向こうに16がみえるが、北洋艦隊航空隊麾下部隊では2ないしそれ以上の実用機を並立配備する例がしばしばみられ、ボリース・サフォーノフ指揮する親衛第2戦闘機連隊 (2.Gv.IAP) の場合も1942年春時点でI-16、ハリケーン、P-40トマホークを同時に装備していたというからおそれいる。このほか大戦を通じたソ連空軍の作戦的特徴として、偽飛行場とデコイ機を用いて独軍機の爆撃を本物の基地からそらす戦法を多用したことがあがる。この手口に関しては戦時中ソ連がもっとも得意としていたのではなかろうか。

官で、大尉の格をもっていた。だが彼は爆撃機を操縦して作戦出撃後にヴァイェーンガの英空軍基地付近で不時着、クルーもろとも戦死してしまったため、気の毒ながらハリケーンでの単独飛行までいかなかった。続いてクハリェーンコとサフォーノフの2搭乗員が第151ウイングの連絡将校として着任、ハリケーンで飛んだ最初のソ連側搭乗員3人のうちのふたりとなる。クハリェーンコ大尉は快活な性格でDFC (空軍殊勲十字章) 叙勲者ジャック・ロス少佐と意気投合していたが、最初の飛行では準備を最小限にしかせず方向舵の偏向位置が誤っていたため千鳥足のタキシングで離陸し、悪戦苦闘の飛行で終始ヴァイェーンガ飛行場を大騒動させたが無事着陸した。

　ハリケーンで離陸したふたり目のパイロットは26歳のボリース・サフォーノフ、アルハンゲルスク着任当時すでにI-16で成功したエースだった。こちらははじめまったく手違いなく離陸後、気流にもまれつつ第三旋回を終えた。ところが第四旋回を終えて接地後にサフォーノフは大きな水溜りの上を走っ

1941年9月25日、北洋艦隊航空司令官A・A・クズネツォーフ少将はソ連初のハリケーン飛行経験者となったが、件の乗機がまさしくこれ (ハリケーンIIB、シリアルZ5252)。英第151ウイングでは本機をソ連国籍標識正規全表示と少将の個人識別番号"01"で飾り、少将が短時間作戦飛行を行ったのちにそのままプレゼントしたのである。

てしまう。大雨の後で飛行場は水浸しだったからこれはたぶん湖といったほうがより適当なのだろうが、ともかくこれで機体のフラップが損傷してしまった。このときは見物中のクズネツォーフ少将の不興をかったが、その後の彼は秀逸な指揮官として独ソ戦で広く一般に横顔を知られる最初のエースとなる。

そのできごとから56年、サフォーノフを捉えた数多くの写真がのこっていることが、彼の真価を示しているといえよう。やや自己顕示欲が強いことはさておき、英ソ対抗射撃大会で彼は拳銃の名手であることも示した。

サフォーノフが短時間飛行を終える前、クズネツォーフ自身が第151ウイングのハリケーンで飛んだ初のソ連パイロットとなっている。この妙技が実施されたのは1941年9月25日で、そのRAF滞在期間中に通訳をした元教師の女性が彼用のコクピット取扱参考書を書いた。飛行終了直後本人の固有番号"01"とソ連国籍標識全表示で仕上げられた機体(旧No.81Sqn所属、シリアルZ5252)を贈呈されたクズネツォーフは1942年12月まで北洋艦隊航空隊司令官として在任、のち1949年12月6日付でGSS受章者となる。

これら最初の飛行のあと、ソ連側搭乗員4名(クハリェーンコ、サフォーノフ、ヤコヴェーンコ、アンドリューシン)はハリケーンへ転換する他の自軍搭乗員を指導する重要任務を拝命。その後ヤコヴェーンコは最初のソ連空軍ハリケーン部隊のひとつを指揮するが、まもなくペッツァモの独軍飛行場夜襲で戦死した。この知らせをRAF派遣隊が受け取ったのは、部隊が英国帰還の長旅につく直前のことだった。

ソ連側のハリケーン・エースとなる人物のひとりとして、先で紹介したスルターン・アメート=ハーンがいる。初戦果(Ju88)は第4戦闘機連隊(4.IAP)所属時にヤロスラヴル上空で本機を用いて記録。GSSを2度受章したアメート=ハーンは、1971年にNII VSSのテストパイロット任務で飛行中に事故死している。

本写真は1995年、英中部ラグビーで開催された第151ウィング搭乗員・地上員親睦会の際主賓として招かれた元ソ連空軍第72戦闘機連隊(72.IAP)所属兵。このなかにすくなくともひとりGSS受章者がいるが、残念ながら氏名未判明である。この会は現ブロケット・インターナショナル社専務取締役ピーター・ファーンが主催したものだが、同社の創始者故ヘンリー・ブロケットは英空軍技術将校だった26歳当時の1941年秋、ソ連へ派遣され同国側科学者と共同研究を行っている。当時英ソ両空軍は、当該戦域でハリケーンの作戦耐用期間を短縮させるものとして影響を懸念されていた燃料の著しい低オクタン価を改善する道を開くべく努力を重ねていた。その後燃料触媒が案出されブロケットが戦後特許を取得、これは今日もなお市場で取引されている。
(Peter Fearn)

chapter **4**

ソ連空軍の主要なエースたち
the leading aces

　戦後作成された第二次大戦ソ連戦闘機エースのリストは、そのいずれもがある大前提を抱えさせられている点で共通する。すなわち「基準となるリストの欠如」だ（付録の対比リストを参照されたい）。これはロシア側の記録が矛盾した「証拠」を内包している事実が如実にあらわれているわけで、ソ連戦闘機上位エースリスト完全版の製作が誰にとっても困難をきわめるゆえんである。

　戦果を誇張した「原典」のうちでも最悪の部類に入るものとして、見せかけ上戦時中ないし戦後当事者のエースが書いたとされる多数の手記がある。たいがい共産党のゴーストライターが書いたもので、ファシストを敵愾心の目でみる美辞麗句は満載するはスターリン主義体制は賛美するは、勇壮感をてらった調子で書き立てはしているものの、事実の裏打ちがほとんどないのが普通である。主要なエースには戦後自叙伝を出版した人も多いが、これら著作のほとんどはいまだ英訳されていない。

　『アエロプラン（ヒコーキ）』、『アヴィアツィヤ・コスモナフティカ（空と宇宙の旅）』、『クリーリャ・ロディヌイ（我国の翼）』といった現在のソ連航空関係刊行物ではときどき自国空軍エースの伝記、インタビュー、リストを収載しており、労をいとわないリサーチぶりの記事もある。英国ではこれら伝記、自伝、回

黒海艦隊航空隊親衛第4戦闘機連隊（4.Gv.IAP, VVS,ChF）のミハイール・I・ヴァシーリエフ上級中尉は緒戦期に戦果をのばした戦闘機搭乗員で、1942年5月5日に戦死するまでに敵機約22機を落としていた。本写真は前線出撃を終えて着陸してきたヴァシーリエフと乗機I-16タイプ17"白の28"。戦死後の同年6月14日にGSSを追贈された。

写真3点●アレクセーイ・アレリューヒン大尉と乗機La-7。機体に書かれたロシア語の意味は「航空工廠人民委員部第41工場一同からアレリューヒン君へ」。個人撃墜40機、協同撃墜17機の見事な戦果は参加した600回もの作戦出撃で積み上げたもので、このうち会敵回数は258回以上だった。親衛第9戦闘機連隊（9.Gv.IAP）長在任中の1943年8月24日と11月1日に、GSSソ連英雄金星章を受章している。（Petrov）

顧的学術研究に関するソ連以外でもっとも広範なコレクションが、ロシア航空リサーチトラストに収集され、一目置かれている。

当のソ連国内だが、最近航空史家が空軍側記録にアクセスする機会は数あるものの（ついこのあいだまではほぼ不可能なリサーチ手段だったが）、これが見通しをよくするどころかえって混ぜ返しかねない状況である。たとえば最近フィンランドの航空史家が明らかにしたところでは、継続戦争（第二次ソ連-フィンランド戦役）後期のソ連側公認損失と実証されたフィンランド空軍側戦果報告とが、従来予想されていた以上に大きくかけ離れていた。そこで結論。至って単純ながら入手可能な原典資料の信頼性不足のため、当面ソ連エースに関しては完璧な航空戦史などありえないといえよう。

このことを念頭において以下のページでは、ソ連戦闘機エースたちの社会序列内で占める位置に関する決定的証拠をさし示すところまでは望まず、あくまで彼ら指導的人物の経歴を一部なりともうかがい知るだけの、"窓"の提供を目的とする次第である。

■ 1936-1940年のソ連空軍エース
VVS aces 1936-40

1936-40年の期間中ソ連は8例の紛争に関与したが、うち空軍の大々的参加をみたのはスペイン内戦、中国、ノモンハンでの対日紛争、フィンランド領を巡る苦戦2番の前半戦たる1939/40年冬戦争である。

ソ連にとって人員、兵器、戦術の実戦初テストであった点もさることながら、スペイン内戦はバルバロッサ以前にソ連戦闘機搭乗員が巻き込まれたもっとも長期間の戦乱である。スペインは将来の第二次大戦でエースとなる者たちの多くにとって実験場となり、なかでももっとも成功したのがP・V・ルイチャゴ

フで、15機前後の撃墜をマークしたものと考えられている。彼はその後昇進の上中国へ転属したが極東ではスコアを上積みできず、挙げ句スターリンの粛清で処刑されてしまった。I・A・ライェーイェフはスペインで個人12機撃墜を報告後、ノモンハンで2機追加。同じくスペイン内戦のエース、S・P・ダニーロフもモンゴルでさらなる撃墜を達成した。

うたがいなくこの時期もっとも成功したソ連軍搭乗員がS・I・グリツェヴェーツである。同兵種では初のGSS 2度受章者で、これはノモンハンで個人敵機撃墜12機のトップスコアをあげた戦闘機搭乗員としての彼の真価を反映するものだった。スペインでは第70戦闘機連隊（70.IAP）中隊長としてI-16ラタに乗っていたが、部隊はノモンハンで同空軍内初のI-153への機種改変を実施、まさしくこの"宣伝機"が彼を祖国の国民的英雄たらしめたのである。スペインとノモンハンの合計戦果は個人、協同あわせて42機を下らないとされる。

2度目の従軍遠征を終えたグリツェヴェーツは1939年9月15日ソ連本土配備に復帰、東ポーランド侵攻作戦の支援任務を負う第66戦闘飛行旅団（IAB；戦闘機連隊の上位組織で66IABは33および41IAPで編成）の所属となった。しかし、ベラルーシの飛行場到着時、彼の乗機が他機に衝突され、新任のグリツェヴェーツはこの事故で死亡してしまった。

そのほかノモンハン戦のエースとしては、個人戦果11機をあげたジェルデョーフ以下、6機から9機の個人撃墜報告をのこした搭乗員が9名いるとされる。これより大きなスコアを吹聴するパイロットもいるが協同撃墜の比率が高く、たとえばF・V・ヴァシーリエフは戦果30機ながら個人撃墜は7機のみ、またA・V・ヴォロジェーイキンも20機撃墜を稼いでいるがうち13機が協同戦果となる。ノモンハンの紛争で空軍は総体的にみて勝利をおさめ、それを実証するものとしてGSS授与も26例を数えた。

バルバロッサ以前の著名な戦闘機搭乗員としてもうひとり、G・P・クラーフチェンコがあげられる。彼は1943年に死亡するまでに航空戦術の実力派として戦果を収め高位と名声を得たのである。その戦歴は1936年の中国からはじまるが、ごく初期の作戦で日本爆撃機3機を攻撃中負傷。しかしなおも戦い続けこの3機を全機撃墜、その上I-16をいたわりつつ基地まで無事帰還を果たす。結局彼は個人1機、協同2機の戦果を認定され、前者が中国での敵機撃墜として、ソ連当局から認められた個人戦果9機の嚆矢となった。

ヴラディーミル・I・ポプコーフは上級中尉だった1943年9月8日に1回目のGSSソ連英雄金星章を受章、2回目を終戦約6週間後、大尉時代に受章した。乗機La-5のそばに立つポプコーフ本人は何となくはにかんだようすだが、機体のほうは一部やや写りが悪いものの計33個の撃墜を表示して得意そうだ。ポプコーフはもっぱら親衛第5戦闘機連隊（5.Gv.IAP）で活動、出撃回数325中独空軍機と107回交戦し、個人撃墜41機を報告した。(Petrov)

左・下右●第159戦闘機連隊（159.IAP）のLa-5（左）とリホレートフのLa-5FN（下、全景は52頁の写真を参照）。同戦闘機連隊は1944年中期レニングラード防衛に従事した。左の写真に当時つけられたキャプションは「レニングラードを守るふたりのエース、P・リホレートフとV・ゾートフはファシスト軍機47機を撃墜」。ゾートフの認定撃墜は個人28、協同10。両者ともGSS受章者である。（St.Petersburg State Archives of Photo,Phono and Cinematographic Records)

下左●P・Ya・リホレートフ。彼は大戦中個人25、協同5の撃墜を報じている。（St.Petersburg State Archives of Photo,Phono and Cinematographic Records)

1939年2月ごろにGSSを受章、まもなく第22戦闘機連隊（22.IAP）長へ昇進し同年のノモンハン紛争に参加。11月2度目のGSSを受章の上、翌年将官に任命された。

■ フィンランドでの苦戦
finland

　2度にわたる対フィンランド航空戦の1回目では、中国、モンゴルの正規軍作戦やスペイン義勇空軍のときから一変して、ソ連側はひとりも戦闘機エースを出さなかった。戦果報告は誇大なものだったが（ソ連はフィンランド機を381機落としたと主張）、それでも4機撃墜を報じた者が3名いるだけだ（A・F・セミョーノフ、M・ソコローフ、V・M・ナイデーンコ）。

　数の上では10対1以上の圧倒的優勢でありながら、赤軍航空はこのアドヴァンテージを空中での勝利に変えることができなかった。見わたすかぎり雪また雪のフィンランドでは、スペインや中国で学んだ戦訓の実践をもってしても航空優勢の確保はうまくいかなかった。

　ソ連空軍の搭乗員はフィンランド軍にまるっきり歯が立たなかった。1930年代設計の国産戦闘機を装備するソ連側に対し、フィンランド側は同様の旧式戦闘機を世界中から寄せ集めた構成だったが、それを飛ばす搭乗員の錬度が高く、かつ闘争心あふれる格闘家だった。彼らはフォッカーDXXI、グロ

スター・グラジエーター、フィアットG.50といった多彩な機体を存分に使いこなし、空戦でソ連のI-16やI-153ともたやすく渡り合っている。近年ソ連当局が認めた自軍機の損失数は579機、対するフィンランド側の損害はたったの68機(戦闘で失われた機体は53機。うち戦闘機は23機)であった。

■大祖国戦争(独ソ戦)以降
the great patriotic war

戦時中の赤軍航空戦闘機搭乗員の撃墜王は個人撃墜計62機のイワーン・ニコラーエヴィッチ・コジェドゥーブであるとする点では、戦史研究家たちのあいだでおおむね意見が一致している。実際第二次大戦の連合軍戦闘機乗り全体からみても、このスコアは彼をして比類なき「エースの中のエース」たらしめるのである。

写真左端に立つピョートル・ポクルイシ ョフは第159戦闘機連隊(159.IAP)でYak-7を用いた。この機体も戦後に公開された有名搭乗員戦時使用機のひとつで、本機の場合はレニングラード国防博物館のコレクションとなった。搭乗者は第154戦闘機連隊(154.IAP)で独軍包囲下にあった同市の防空任務を担当中の1943年2月10日、大尉でGSSを受章した人物だから、同館とすれば収蔵品のなかでも一番飾りがいのある逸品であったことだろう。ポクルイショフは第159戦闘機連隊長時代に2度目のGSSを獲得、最終合計戦果は個人撃墜が22機から38機、確認協同撃墜は数機とされている。(Petrov)

設計家とエースの顔合せ。La-5シリーズの設計者セミョーン・A・ラーヴォチキン(右)と、1945年当時のバルト海艦隊航空隊親衛第4戦闘機連隊(4.Gv.IAP, VVS,KBF)長でLa-5FNのエース、V・F・ゴールボフ大佐(中)。もうひとりの搭乗員もかなりの受勲者だが姓名不明。ゴールボフは1942年10月23日にGSSソ連英雄金星章を受章、個人撃墜39機で終戦を迎えた。(Petrov)

西側連合軍の先頭をゆくエースは英空軍のM・T・St・J・パトル少佐で、未確認ながら50機以上を数えるが、ソ連でこれを上回る個人撃墜をあげているのはひとりコジェドゥーブのみならず、ほかにも6名ほどいる（グリゴーリイ・レチカーロフ、アレクサーンドル・ポクルイーシキン、ニコラーイ・グリャーエフ、キリール・エフスティグニェーエフ、ニコラーイ・スコモローホフ、ボリース・グリーンカ。そのほかソ連側歴史家最低1名によるところニコラーイ・シュット）。ここでは主なエースの経歴を紹介しよう。

■ イワーン・ニコラーエヴィッチ・コジェドゥーブ
Иван Николаевич Кожедуб/Ivan Nikolaevich Kozhedub

戦後のきらびやかな写真は、ソ連英雄金星章3回受章者のコジェドゥーブとポクルイーシキン。このふたりで独軍機121機を撃墜した。個性はまったく違うがいずれも傑出した空戦能力をもつ戦闘機搭乗員であり、最後は空軍総司令官まで昇りつめるなど冷戦時代も引き続き優秀な軍歴をたどっている。

　まずはI・N・コジェドゥーブの経歴を細かくみていこう。戦時中の出撃回数約326回、会敵回数126回、戦果のほとんどはピストンエンジン機だが、例外としてMe262が1機ある。大戦果をあげた乗機はLa-5FNとLa-7。その業績はソ連国民にもひろく知られ敬慕の念を集めたし、ちまたでは「コジェドゥーブのごとく戦うべし」と民衆をあおるポスターがいたる所に貼られていたから、それを通して顔もよく知られていた。共産党員でもあり、大志を抱いた若い戦闘機パイロットからすれば、あとに続くべき理想的お手本だった。

　第二次大戦中2回、戦後まもなく1回GSSを受章。1回目の日付は1944年2月14日で階級は上級中尉、第240戦闘機連隊（240.IAP）の中隊長だった。2回目はそれからちょうど半年後、大尉に昇進し親衛第176戦闘機連隊（176.IAP）副長となっていた。3回目は1945年8月19日で役職はそのままながらこのときの階級は少佐である。

　1948年、ジェット戦闘機の搭乗を開始、1951年4月ころ韓国上空にてMiG-15での実戦出撃を果たす。1974年に航空大将、1985年8月7日付で元帥に昇進。1987年、政治的志向の強い自伝『祖国への忠誠（ヴェールノスティ・オッチズネ）』を自国で刊行。1991年8月、71歳で世を去った。

■ グリゴーリイ・レチカーロフ
Григорий Речкалов/Grigorii Rechkalov

　ソ連エース順位でコジェドゥーブのすぐうしろにいるグリゴーリイ・アンドレ

この集合写真の右から2番目に写っているのがグリゴーリイ・レチカーロフ。第二次大戦連合軍第2位の高位エースで、背景の機体が彼のP-39である。レチカーロフはポクルイーシキンの親衛第16戦闘機連隊（16.Gv.IAP）に所属し、上官との関係からいえばあまり順調な経歴ではなかったものの、搭乗員としては並外れた戦闘力を発揮した。出撃609回、会敵122回で個人撃墜56機、協同撃墜5機の戦果を記録。GSSソ連英雄金星章を2回受章しており、1回目は1943年5月24日、2回目が1944年7月1日である。
（Petrov）

ーエヴィッチ・レチカーロフは、所属部隊指揮官アレクサーンドル・ポクルイーシキンとのあいだに、相当の人間的相剋をきたした点で一味違う戦闘機搭乗員である。また、彼はコジェドゥーブと同様に戦争の比較的後期から実戦に参加しながら、莫大な戦果をあげた搭乗員でもある。

戦歴のはじまりは1943年初夏、クバン河会戦期間中の北部カフカス方面軍で所属は第4航空軍第216戦闘飛行師団（216.IAD,4.VA）だが、のち第2ウクライナ方面軍では第9戦飛師（9.IAD）へ異動した。この時期親衛第16戦闘機連隊（16.Gv.IAP）のエース、A・I・ポクルイーシキンのウイングマンとして飛ぶこともあったが、大戦終結が近づいた後年はポクルイーシキンが部隊指揮上の都合で空中より地上にいることが多くなったため、その機会は少なくなっていった。

戦後、レチカーロフは中隊全体として行動することの利害関係をあまり大事にせず、自己のスコア稼ぎばかり優先していたと長らく批判されている。非難者の引き合いに出され、そのような評価について一部なりとも骨子となっていると思われるのが、親衛第16戦闘機連隊長時代、1944年5月のエピソードだ。プルト上空で部隊が空戦を実施した際、彼は部下搭乗員へのリーダーシップを示さず、その分独軍機との個人的空戦にかまけていたと報告された。部隊が帰還すると彼の列機3機が撃墜されていたことがわかり、怒り心頭のポクルイーシキンは軍団長ウティン将軍の所へ直接出向き、表立って抗議を申し立てたのである。上司の後ろ楯を取り付けたポクルイーシキンはレチカーロフの連隊長職を解き、これも有名なエースのボリース・グリーンカと交代させてしまった。

明らかにリーダーとしては失格だったレチカーロフではあるが、それでも空中射撃の腕は秀逸、乗機P-39エアラコブラの扱いにも著しく熟達したパイロットであり、終戦までに122回の空戦実績を通し合計61機（個人撃墜56、協同撃墜5）の戦果を達成した。GSSの受章は2回。1回目は親衛第16連隊当

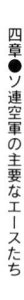

時の1943年3月25日に上級中尉で叙勲され、2回目は1944年7月1日付であった。

　レチカーロフは戦後、1951年に空軍アカデミーを卒業し、1959年に航空少将となった。

アレクサーンドル・イワーノヴィッチ・ポクルイーシキン
Александр Иванович Покрышкин
/Aleksandr Ivanovich Pokryshkin

　西側からみて、アレクサーンドル・イワーノヴィッチ・ポクルイーシキンはおそらくもっともよく知られたソ連戦闘機搭乗員であろう。高い知性と戦闘機乗りとしての傑出度、ひときわ輝く戦術的知性、抜け目ない指揮官的素養をあわせもつことは一種不可思議をも感じさせる。正直で歯に衣を着せない性格で、そのため同僚の搭乗員や一般国民からはひろく敬愛されたがイオーシフ・スターリンなど政治的指導者からは嫌われていた。

　1913年3月6日、ノーヴォニコラーエフスク（現ノーヴォシビールスク）に生まれ、1932年、ソ連陸軍に入隊。翌年航空技術者としてペルム飛行学校を卒業ししばらくメカニックを務めていたが、大物戦闘機搭乗員スプルンとの出会いをきっかけとして飛行訓練に参加、1939年、カーチャ空軍搭乗員学校を無事卒業した。実戦では600回以上の出撃を完遂、参加空戦回数156回で個人59機撃墜を認定されているが、1993年にイワーノフ・スルターノフがソ連側資料から算定して発表したエース戦績表では、最終戦果中6機を協同撃墜として認定している。

　実戦でのポクルイーシキンは当初MiG-3に乗っていたが、その後レンドリースで供与されたP-39を駆って、1943年のクバン河戦域航空戦で顕著な実績をあげる。バルバロッサ作戦初日にはじめて実戦を味わって以来、大戦を通して戦い続けた彼は、副中隊長からはじまって以下中隊長、副連隊長、そし

アレクサーンドル・ポクルイーシキンの写真は数多いが、これはレンドリースのウイリスジープを運転しているめずらしいショット。向こうにFw189の残骸がくすぶっているのがみえるが、どうやらこれは彼の空戦撃墜59機のひとつで自ら検分にやってきたところらしい。（Petrov）

て親衛第16戦闘機連隊（16.Gv.IAP）長となった。1944年5月、親衛第9戦闘飛行師団（9.Gv.IAD）長、南北カフカス方面軍、および第1、2、4ウクライナ方面軍の航空戦を特徴づけるものとなった大兵力のぶつかり合いのなかで部隊を率いた。

1948年に"サーシャ（アレクサーンドルの愛称）"・ポクルイーシキンはフルーンゼ軍事アカデミーを卒業、9年後参謀アカデミーも好成績で通り、以後PVO（防空総司令部）の要職を歴任した。

1960年代末には国軍防空航空軍副総司令官の役職を担い、1972年、航空元帥に昇進。1981年11月をもってようやく第一線部隊から引退し国防省軍事査察団監査役顧問となる。4年後、持病がもとで他界した。

ボリース・フロクティストヴィッチ・サフォーノフ
Борис Фроктистович Сафонов
/Boris Froktistovich Safonov

これまでに述べたとおり、第二次大戦初のソ連戦闘機隊撃墜王はボリース・フロクティストヴィッチ・サフォーノフである。その後彼はソ連戦闘機搭乗員で個人名を連隊名に冠せられた唯一の人物となる。このような称号は通例ソ連邦の高級政治指導者にしか贈られることのない栄誉であった。その部隊とは親衛第2戦闘機連隊（2.Gv.IAP）で、彼自身が1942年5月30日の戦闘で戦死するまで指揮をとっていた最後の所属部隊である。部隊につけられた名称は「ペチェーンガ赤軍北洋艦隊航空隊親衛第2戦闘機連隊サフォーノフ」であった。

この人物は英空軍史の愛好家からとりわけ関心を集めている。これは1941年初秋にRAFよりソ連空軍へのハリケーン引き渡しが開始された当初、彼が英国側人員との連絡を取ったソ連側搭乗員の基幹的人物だったからだ。

1933年、18歳でソ空軍に入隊したサフォーノフは、最初の飛行訓練を満了後カーチャ空軍飛行訓練学校に入学。昇進を重ねたサフォーノフは1941年6月22日までにI-16装備の混成第72戦闘機連隊（72.SmAP）中隊長となっていた。バルバロッサ作戦開始2日後に敵機撃墜を報告、コラ湾に落ちた機体は第30爆撃航空団第6中隊（6./KG30）のJu88で、その後ドイツ側資料でも確認されている。8月9日にはJu88最低1機を含む3機撃墜を認定され、スコアを13機までのばしていた9月15日にも2回の出撃で撃墜3機を加えた。

この秋、ホーカー・ハリケーンのレンドリース約3000機の第1陣が、英空軍第151ウィングからソ連空軍へ引き渡された。北洋艦隊航空隊（司令官A・A・クズネツォーフ少将）は4名の上級搭乗員を選抜、サフォーノフもこのなかに入り、ムルマンスク近郊ヴァイェーンガの飛行基地で、英空軍側要員から本機種の慣熟訓練を受ける。現存する英軍パイロットが今日回想するところによれば背の高い好男子で、はじめてハリケーンで飛びに来たほかのソ連搭乗員への教練にあたって重要な役割を務め上げたという。また、英仏海峡正面で時代遅れと見なされたハリケーンも、練達の空戦技能をもつサフォーノフのような搭乗員の手にかかれば、当時のソ連主力戦闘機I-16と比較してはるかに優秀な"空飛ぶ射撃台"(ガン・プラットホーム)となった。

教官担当期間終了後の1942年初頭、サフォーノフは戦闘機連隊長として実戦に復帰。元北洋艦隊第526戦闘機連隊（526.IAP,VVS,SF）が1941年12月6日付で親衛第2戦闘機連隊（2.Gv.IAP）となったという、このかなり古手の親衛部隊で任務に付いた。同隊の長としての彼は自身も撃墜記録をあげ

ボリース・サフォーノフ少佐の肖像写真。北洋艦隊航空隊親衛第2戦闘機連隊（2.Gv.IAP, VVS, SF）所属。P-40のコクピットから乗り出した姿は戦死間近の撮影。これより前の1941年秋、彼はRAF第151ウイングとの連絡将校を務め、同時期ソ連側でハリケーンに乗り換えたふたり目の搭乗員となった。GSSを2度受章する人物となるサフォーノフは第二次大戦中のソ連で最初の撃墜王だったが、1942年5月30日、個人撃墜約25機に達したところで、P-40搭乗中に戦死した。(Petrov)

続けながら、若手搭乗員たちを鼓舞し、サフォーノフの庇護のもと（義足の搭乗員Z・A・ソローキンもいた）部下のなかにもエースとなるものが出た。1942年5月17日、ハリケーンⅡB装備の親衛第2連隊はBf109Fと乱戦を交え、サフォーノフはこのとき第5戦闘航空団第6中隊(6./JG5)のメッサーシュミット1機撃墜を報告。被墜者は落下傘降下後捕虜となり、36機撃墜の"エクスペルテン"搭乗員ヴィル・プフレンガー曹長とわかった。

最後の出撃でも独第30爆撃航空団第Ⅰ飛行隊（Ⅰ./KG30）のJu88 3機を撃墜したと列機が報告しており、あくまでスコアを加え続けたサフォーノフであった。しかし、ユンカースの応射で乗機P-40が被弾、北海の海面に不時着水を余儀なくされ、ボリース・サフォーノフは、このときついに帰らぬ人となった。彼の最終戦果は個人撃墜25機前後、協同撃墜14機と信じられている。戦死から2週間後、2個目のGSS授与が発表され、第二次大戦で最初にGSSを2度受章した人物となった。

ニコラーイ・ドミートリエヴィッチ・グリャーエフ
Николай Дмитриевич Гуляев
/Nikolai Dmitrievich Gulyaev

ニコラーイ・ドミートリエヴィッチ・グリャーエフはレチカーロフやポクルイーシキン同様、戦果の大半をP-39エアラコブラであげた搭乗員である。1942年のスターリングラードではじめて表舞台に登場し、GSSを2回受章。最初の受勲は第27戦闘機連隊（27.IAP）副中隊長の1943年8月28日、階級は上級中尉であった。中隊長昇進後の1944年3月5日には、出撃1回で敵機5機を撃墜し"即日エース・スコア"というまれな大技を達成。実際この月は戦果合計が50機に達したことからも、グリャーエフにとって節目の月であった。終戦までに個人53、協同4の撃墜機数を記録している。

大尉となり親衛第129戦闘機連隊（129.Gv.IAP）中隊長に栄進し、50機撃墜達成からまもない1944年7月1日に、2個目のGSSを受賞。高位撃墜記録をもつほかの搭乗員同様、グリャーエフも戦後軍歴を続けて中将にまで進級し、空軍実務訓練部長を1976年まで務めた。1985年10月他界。

キリール・アレクサーンドロヴィッチ・エフステグニェーエフ
Кирилл Александрович Евстигнеев
/Kirill Aleksandrovich Evstigneev

個人撃墜50機を超えた7傑のひとり、キリール・アレクサーンドロヴィッチ・エフステグニェーエフは、1917年にクルガン州ホフルィー村で生まれた。軍歴についた当初は航空修理廠の旋盤工が仕事だったが、チェリャビンスクのコムソモール飛行クラブで飛行術を練習したのち、ビイスク空軍搭乗員学校で軍事飛行訓練を受ける。1943年からおくればせながら実戦飛行を開始、第240戦闘機連隊（240.IAP/La-5装備）編入からまもなくクルスク会戦に参加するが撃墜されてしまい、大戦の一大転機となったこの戦闘の時期は負傷回復期にあった。

エフステグニェーエフは戦時中ずっと乗機をLa-5で通し、本機で約300回の出撃をこなすなかで個人53、協同3の撃墜を認定される。クルスク上空で一時退場を余儀なくされる前の6月には、5日間でFw190 3機、Bf109 3機、Ju87 1機、Hs129 1機の計8機を撃墜している。

もちろん彼もGSS 2回受章者で、1回目の受章は戦闘240中隊長を務めていた上級中尉のとき、2回目は親衛第178戦闘機連隊（178.Gv.IAP）中隊長

N・D・グリャーエフは個人撃墜57機により、第二次大戦中の連合軍戦闘機搭乗員中4位の記録保持者となった。この記録を達成した出撃回数240回のうち、会敵回数はわずか69回、驚異的な撃墜頻度である。また報告戦果のなかで1943年8月14日の撃墜は"タラーン"によるもの。第27戦闘機連隊（27.IAP）所属の1943年9月28日に上級中尉で1回目のGSSを受賞、2回目の受賞は1944年7月1日、このときグリャーエフは大尉になっており、所属も親衛第66戦闘機連隊（66.Gv.IAP）であった。(St.Petersburg State Archives of Photo, Phono and Cinematographic Records)

を務めていた大尉のときである。エフステグニェーエフは戦後も軍にとどまり、1984年に航空少将となった。

アレクサーンドル・I・コルドゥノーフ
Александр И. Колднов/Aleksandr I. Koldnov

　アレクサーンドル・I・コルドゥノーフは、"驚異の個人撃墜50機"にあと4機というところまで迫った若きエース搭乗員であった。1943年、弱冠20歳でカーチャ空軍搭乗員学校を卒業、予備連隊に編入される。翌年4月から従軍し、第3ウクライナ方面軍の第17航空軍(17.VA)で実戦を経験、このときの乗機はYak-1だったが、1944年8月、部隊内初のYak-3搭乗者となり以後同機で大活躍を示した。

　コルドゥノーフは終戦までに358回の実戦出撃を実施、会敵したのは96回だが46機の個人撃墜を認定され、独空軍に消し去り難い汚点をのこさせたのである。ソ連トップエースの大半に漏れずGSS 2個保持者であり、1個目は1944年8月2日、第866戦闘機連隊(866.IAP)中隊長在任中与えられたもの。2個目は1948年2月23日付で与えられたが、このときコルドゥノーフの所属、役職とも前回とまったく同じままだった。

　戦後空軍で高い地位を獲得した彼だったが、その軍歴の締めくくりは惨憺かつ不名誉なものとなった。1952年、まず空軍アカデミーを、続いて1960年参謀アカデミーを卒業、昇進を重ねたコルドゥノーフは1978年防空総司令部司令官に就任。さらに国防次官拝命後、1984年、空軍元帥となった。ところが1987年5月、19歳のドイツ人青年マティアス・ルストが、大胆にもセスナ172でフィンランドの首都ヘルシンキからソ連領内へ侵入して赤の広場に着陸した事件で、コルドゥノーフは一般からも政治の上でも責任を問われることとなったのだ。このドイツ人の無許可飛行による領空侵入を早くから探知していながら、ソ連空軍中央部が無為無策を呈したかどで、結局彼は罷免されてしまったのである。

ヴラディーミル・オレーホフ
Владимир Орехов/ Vladimir Orekhov

　ヴラディーミル・オレーホフは、知られざるソ連エースの典型であるといえよう。達成戦果は個人、協同合計21機で、ソ連空軍全体としては200位あたりにランクづけされる人物である。

　1939年1月、18歳でカーチャ空軍飛行学校に入学、翌年3月ごろ卒業しウクライナ配備となる。着任後も各種練習機で飛び続け、最後はI-16で75時間の飛行経験を積んだ。オレーホフの乗機(機体番号"33")は開戦初日に破壊されてしまい、彼は以後10日のあいだ同僚と、機種を問わず使用可能な機体で飛行しようと試みている。

　そんな折、彼はLaGG-3 2個中隊装備で新編された第434戦闘機連隊(434.IAP)へ配属される。オレーホフはこの新型戦闘機で若干の戦果をあげたが、その最初はリュバーニ飛行場を離陸するBf109Eを奇襲して記録された。このほかに個人撃墜3機、協同撃墜1機を同機で記録。1941年10月ころに上級中尉へ昇進し、編隊長となった。1942年1月1日、赤旗賞を受章。同年春、中隊はLaGG-3からYak-1に機種改変するが、その直後の戦闘でオレーホフは敵機爆発時の破片を受け左手足に重傷を負う。復帰は部隊がYak-1から

Yak-7に再改変した9月であった。

　11月、第434連隊はハリコフ、スターリングラードの戦闘でうちたてた大戦果から親衛第32戦闘機連隊（32.Gv.IAP）配下3個中隊のひとつに改編される名誉を与えられた。エリート戦闘隊あつかいの親衛第32連隊は、この時点でGSS受章者だったイワーン・クレシチョーフの指揮下で、編成後まもなくカリーニン方面軍へ進出する。

　1943年3月、部隊はLa-5FNに改変、以後15カ月のあいだオレーホフは"93"号機、"23"号機に搭乗した。迷信深くいつも"3"の付く番号の機体で飛ぶようにしていた彼は、その後La-7に再改変したときも"23"番を付けた機体を使っている。1943年5月、GSSを受章。この時点までの戦果は個人撃墜11、協同撃墜1だが、終戦までに個人撃墜19、協同撃墜2、地上撃破4、および観測気球2基撃墜を記録している。

　戦後、オレーホフは航法の専門家として空軍での勤務を続け、退役後、予備役編入のころはソ連軍西部軍集団第1親衛戦闘航空軍団首席航法将校となっていた。1997年現在ミンスクに在住。

イワーン・イワーノヴィッチ・クレシチョーフ
Иван Иванович Клещев／Ivan Ivanovich Kleshchev

　イワーン・イワーノヴィッチ・クレシチョーフが名声を確立したのは、優秀な成果をおさめた第434戦闘機連隊（434.IAP、ヴラディーミル・オレーホフも所属した）の指揮官としてであろう。ノモンハン事件以来のベテランで独ソ戦開始時は23歳だった彼は、当初第521戦闘機連隊（521.IAP）に属しカリーニン方面軍で奮闘、その勇敢さを認められて1942年3月にGSSを叙勲された。同年のメーデー祝典で大衆の面前に押し出されることとなる。国民は熱狂し、それを大きな支えとして戦闘機隊はドイツ爆撃機を撃退する力を得た。このとき彼は個人6、協同13機の撃墜を認定されていた。

　クレシチョーフはスピーチの直後に、第434戦闘機連隊編成のためモスクワへ配転。同部隊は前年冬の首都防衛戦で生き残った一部優秀戦闘機搭乗員の受け皿組織で、錬成後Yak-1をもってスターリングラード防衛戦に参加、初夏のあいだ見事な戦いぶりを示した。しかし性能で上回るBf109Gの

第二次大戦のソ連戦闘機エースでは、上位12人にあと一歩およばなかったG・コストィリョーフ。GSS受章者で乗機はLa-7。認定総撃墜数個人43、協同3は出撃回数418回のうち112回にわたって独軍機と格闘して得た戦果である。

迎撃任務は厳しく、7月までに搭乗員に著しい損耗をきたす。

　壊滅に直面した部隊は急遽Yak-7へと機種改変し、ただちに戦局のバランス挽回を開始。ドン河上空で敵機と激突し、はやくも7月15日の時点で部隊の認定撃墜は32機を数えた。損失は搭乗員3名と機体7機だった。結局第434連隊はこれをもって前線を引き揚げ、戦力回復とYak-9への再慣熟を実施。スターリングラード防衛戦でクレシチョーフ少佐の戦果合計も32機まで達したが、個人撃墜と協同撃墜の内訳は不詳である。

　1942年9月16日、部隊は戦闘に復帰するが、わずか3日後に8機が撃墜され搭乗員5名を失う大被害を受ける。ただし共産軍側は反対に敵機19機を撃墜したと認定。このときクレシチョーフ機も撃墜されたが、彼は無傷で脱出している。だが8月23日はこのときほどツキがなく、空戦中に負傷しパラシュート脱出を余儀なくされた。

　同年11月、第434戦闘機連隊は親衛第32戦闘機連隊（32.Gv.IAP）に編入された。このとき彼はまだ負傷のため暫定的にセミョーノフと交代したままだったが、翌月には復帰し親衛第32連隊の指揮をとる。しかしその期間はごく短かいものだった。12月31日、悪天候のなかをモスクワへ向けて飛行中に事故に遭い、死亡してしまったのである。

義足で飛んだ驚異のエースたち
"legless wonders"

　英空軍のダグラス・バーダー、同海軍のコリン・ホジキンソンのように、両脚を失いながらも義足で飛び続け、成功をおさめたパイロットがソ連空軍にもいた。第580戦闘機連隊（580.IAP）のA・P・マレーシェフは1942年3月に両脚を切断したが、その後も前線勤務を続け11機を撃墜。親衛第2戦闘機連隊（2.Gv.IAP）のZ・A・ソローキンはBf110との交戦で負傷後に義足をもらい受け、引き続き戦果を13機まであげている。

　また、これらのエースたちと若干事情が異なる搭乗員にL・ベロウーソフがいる。彼は戦前に飛行機事故で重傷を負ったのち、飛行ができる状態にまで復帰していたのだが、1941年12月、不時着して負傷。この2度目のアクシデントで古傷が開いてしまい、壊疽を起こして両足を切断しなければならなくなったのだ。ベロウーソフはここで内に秘めた驚異的な精神力を発揮、ふたたび実戦に返り咲き7機撃墜をあげるのである。その後、1957年にGSSを受章している。

女性の戦闘機搭乗員たち
women fighter pilots

　第586戦闘機連隊（586.IAP）は戦時中ソ連空軍が運用した唯一の女性だけからなる戦闘機部隊であった。1942年4月、作戦状態に入りスターリングラード防衛戦で顕著な役割を果たし続けている。また、ソ連ではこの部隊に加えて男性搭乗員の戦闘機隊へも女性搭乗員が補充され、戦闘任務をこなした。たとえばクラーウディヤ・ネチャーエヴァは、クレシチョーフ指揮の第434戦闘機連隊（434.IAP）へ派遣されている。見事な戦果をあげた女性搭乗員も多少いたものの戦時中にGSSを叙勲された者はなく、戦後になってリーリャ・リトヴァックへ追贈された例があるのみであった。

　女性戦闘機搭乗員が直面した任務は格別困難なものだった。自国のプロ

パガンダ機関から高い宣伝価値を期待されたばかりでなく、当初は男性搭乗員からの懐疑の目や、侮蔑的な言動にも耐えなければならなかったからだ。だが主として防空任務を担当した第586連隊は戦闘出撃回数4419を記録、空戦125回に対し38機の敵機撃墜率を達成、その実績はソ連女性搭乗員の勇敢さや錬度の高さを雄弁に物語っている。なお部隊はもっぱらスターリングラード地区内の目標物を独軍機の攻撃から防衛する任務に従事、搭乗員は防空の価値ありとされた場合のみ迎撃を下命され、地区内退去後の敵機は追撃しないものとされていた。

1994年、部隊記録係だったエカチェリーナ・ポルーニナは、もと米国陸軍航空隊婦人操縦士部隊（WASP）の搭乗員、アンナ・ノグルのインタビューを受け、男性戦闘機隊へ配備された女性搭乗員の士気をうかがい知る例をあげている。

「私たちの連隊からは8名ほどがスターリングラード方面軍配備の2個男性戦闘機隊へ配属されたのですが、男性搭乗員ほど経験を積んでいませんでしたので男性と2機編隊を組み列機をつとめていました。

列機の仕事は長機の後方援護でした。ネチャーエヴァという娘が中隊長の着陸を援護していたところBf109の攻撃を受けました。彼女は燃料も弾ものこっていなかったのですが自分の機で中隊長機を守り、みんなのみている前で死んだのです。そのほかに私たちの搭乗員で男性部隊へ行ったブダーノヴァも、1943年7月に戦死するまでに20機以上を落としています。エースのひとりだったリーリャ・リトヴャックも、その翌月死んでしまいました。男性と一緒に出撃するために出ていった8名のうち、私たちの連隊へ帰ってきたのは5名だけだったのです」

リーリャ・リトヴャック
Лиля Литвяк/Lilya Litvyak

短い一生の最後で、リーリャ・リトヴャックはソ連軍事航空史上重要な意義をもつひとりとなった。母は店員、父は国有鉄道勤務だったが、十代だった娘は両親へ何も告げずに、うら若き16歳で飛行訓練を受講。続いて軍事飛行訓練のためヘルソーンへ移り、Po-2複葉練習機での同乗訓練わずか4時間で単独飛行に入ったとの噂をのこして卒業後、教官となった。バルバロッ

1943年1月8日付の鮮明な情報省公表写真で、写真のキャプションは以下の通り。「ソ連女性戦闘機パイロットJu88を撃墜せり。空中戦で敵爆撃機を落としたのは戦闘機搭乗員ヴァレーリヤ・ホミャコーヴァ中尉。赤軍航空隊に入る以前はモスクワのフルンゼ工場でエンジニアとして労働し、かつ飛行クラブでインストラクターを務める」

サ作戦当時は飛行時間100時間を超えており、その後第586戦闘機連隊(586.IAP)へ開設要員として配置され、1942年夏のサラートフで初の防空作戦出撃を果たした。

8月の数週間、リトヴァックは男性部隊の戦闘飛行師団(268IAD)へ配置され、のちにLa-5装備の201戦飛師第437戦闘機連隊(437.IAP,201.IAD)に加わる。後者での2回目の出撃で初撃墜2機を記録、日付は1942年9月13日、機種はBf109、Ju88各1機であった。このうちBf109の搭乗者は通説上、ビスマルクの子孫で35機撃墜の"エクスペルテン"、第3戦闘航空団(JG3)のハインリッヒ・グラーフ・フォン・アインジーデル中尉とされていたが、戦後の研究で中尉はリトヴァックの撃墜報告より2週間ほど前に戦死していたらしいことが判明している。彼女のつぎなる戦果報告は9月27日、Ju88 1機であった。

リトヴァックは287戦飛師麾下女性搭乗員編隊配備後、11月の時点で作戦可能状態に入った親衛第9戦闘機連隊(9.Gv.IAP)へ転属される。しかしリトヴァックは女性搭乗員であるがゆえに、エリート部隊のメンバーとして快く受け入れられず、彼女は1943年1月末にふたたび配属替えされてしまった。最後の所属部隊となる第296戦闘機連隊(296.IAP)の指揮官であるN・I・バラーノフは、リトヴァックの苦しい立場に大きな同情を示した。

2月11日、リトヴァックは乗機Yak-1でJu88 1機、協同でFw190 1機の撃墜を報告。以後5カ月のあいだに多くの敵機を撃墜した。激戦のこの時期、彼女自身も3回負傷しており、それは3月22日(Ju88 1機撃墜報告)、7月16日と18日のことだった。この7月18日には親友の女性搭乗員ブダーノヴァが戦死し、リトヴァック自身の命運もまもなく尽きることとなる。1943年8月1日、当日最後の第4次出撃(この日も敵機2機撃墜を報告)でリトヴァックの乗機Yak-1は独軍機の攻撃を受け撃墜されたと思われるが、戦闘の目撃者がなく、当時の地上軍の捜索もむなしく彼女の痕跡は長年見つからなかった。

1979年、ついにドミートリエフカ村近辺でリトヴァックの遺体が発見された。彼女は墜落現場で乗機の翼下に埋葬されていたのだった。かなりの労をへて約10年後に、亡骸はようやく公葬をもって弔われた。1990年5月、時の大統領ミハイール・ゴルバチョフからGSSソ連英雄金星章を追贈されたが、ドニエツク地方クラースヌィ・ルーチには、それよりも何年も前に彼女を記念するモニュメントが建てられていた。

ソ連空軍の"美少女"リーリャ・リトヴァックのYak-1が、つぎの作戦を控え翼内タンクに給油中。1943年晩春の撮影。戦時中の上位成績女性搭乗員リトヴァックは同年8月1日に戦死するまでに、個人撃墜11機の戦果をあげていた。

付録
appendices

独ソ戦中のソ連空軍部隊編制

ソ連の戦闘機連隊(IAP)は1941年以降、3個中隊編制で定数40機を与えられていた。各中隊は小隊、またはズヴェノーとよばれる班に分割され、バルバロッサ作戦以降の緒戦期に、このズヴェノーは3、4機をもって防御的密集編隊を適用していた。戦闘飛行師団(IAD)は3個戦闘機連隊で編制、定数120機と予備4機を装備した。

1942年5月までは2〜3個飛行師団、合計250〜375機の戦闘機をもって戦闘航空軍団(IAK)を構成していたが、アレクサーンドル・ノヴィコフ大将の直接的影響を受け、同月以降は戦闘航空軍団に代って独立した航空軍(VA)を編成するよう転換がはじまり、これは戦闘5個師団以上を擁するものだった。航空軍は常時前線司令官の指揮を受け、1944年ころ、その内容は戦闘、爆撃、対地攻撃、偵察の各師団をふくみ1000機を軽く超えていた。戦時中編成された航空軍は17個あり、これらのなかに戦闘飛行師団がふくまれていた。

また、1942年初頭の時点で防空任務に配置されていた戦闘機連隊が40個程度あり、これらをもって防空戦闘航空軍(IA PVO)が新編された。1945年ころの防空任務従事戦闘機連隊数はほぼ100個に達しており、冷戦時代はこれがソ連戦闘機兵力の主軸となるのである。

空軍とは別系統の海軍航空隊も東部戦線での勝利に貢献した。1938年より独立兵力となった同航空隊は、独ソ戦中S・F・ジャヴォロンコフ中将指揮下、4つの部隊に区分されていた。すなわち赤軍バルト海艦隊航空隊(VVS,KBF)、北洋艦隊航空隊(VVS,SF)、黒海艦隊航空隊(VVS,ChF)、太平洋艦隊航空隊(VVS,TOF)である。

ソ連航空隊戦闘機エースのリストに関する考察

本書の第4章でもほのめかしたとおり、戦後の時期に作成されたソ連戦闘機エースのリストには相当数の矛盾がみられる。ソ連エースの表としてまとめられた代表的なものとしてはスルタノフ版(1993年)、ゴイスト、ケスキネン、ステンマン版(1993年)、フォン・ハーデスティ版(1982年)があり、もっとも新しいものではミシュレ版(1995年)が参照できる。これらの表を比較するため、以下に各リストの最上位搭乗員記録を列記する。各搭乗員ごとに認められている撃墜敵機数は個人戦果と協同戦果からなる点に注意したい。

フォン・ハーデスティ版

	個人	協同
コジェドゥーブ	62	0
レチカーロフ	58	0
ポクルイーシキン	59	0
グリャーエフ	53	0
エフスティグニェーエフ	52	0
シュット	記載なし	
D・B・グリーンカ	50	0
スコモローホフ	記載なし	46
アレリューヒン	不明	40
コルドゥノーフ	記載なし	46
セローフ	記載なし	47

ゴイスト他版

	個人	協同
コジェドゥーブ	62	0
レチカーロフ	56	5
ポクルイーシキン	59	0
グリャーエフ	57	4
エフスティグニェーエフ	53	3
シュット	記載なし	
D・B・グリーンカ	50	0
スコモローホフ	8	46
アレリューヒン	17	40
コルドゥノーフ	0	46
セローフ	0	29

スルタノフ版

	個人	協同
コジェドゥーブ	62	0
レチカーロフ	61	0
ポクルイーシキン	53	6
グリャーエフ	53	4
エフスティグニェーエフ	53	3
シュット	55	0
D・B・グリーンカ	50	0
スコモローホフ	8	46
アレリューヒン	17	58
コルドゥノーフ	0	46
セローフ	12	47

ミシュレ版

	個人	協同
コジェドゥーブ	62	0
レチカーロフ	56	5
ポクルイーシキン	59	0
グリャーエフ	57	0
エフスティグニェーエフ	53	3
シュット	記載なし	
D・B・グリーンカ	50	0
スコモローホフ	8	記載なし
アレリューヒン	0	記載なし
コルドゥノーフ	1	記載なし
セローフ	0	記載なし

ミシュレは10機以上の撃墜認定搭乗員数を最低310名と判定。スルタノフは戦果25機以上の搭乗員数175名、加えて20から24機撃墜が140名と結論。戦果10から19機に入る搭乗員はこれより多数存在するものと想像できる。

主要エースの総撃墜数、出撃回数、会敵回数、撃墜確率一覧

搭乗員名	総撃墜数	出撃回数	会敵回数	撃墜確率
N・D・グリャーエフ	57	240	69	1.21
D・B・グリーンカ	50	300	90	1.80
I・N・コジェドゥーブ	62	330	120	1.94
G・A・レチカーロフ	61	609	122	2.00
A・I・コルドゥノーフ	46	412	196	2.10
K・A・エフスティグニェーエフ	56	300	120	2.14
A・I・ポクルイーシキン	59	600	156	2.64
N・M・スコモローホフ	54	605	143	2.65
A・V・アレリューヒン	57	600	258	4.52
V・G・セローフ	47	未記載	未記載	未記載
N・K・シュット	55	不明	不明	不明

注：グリャーエフ、エフスティグニェーエフ、グリーンカの項は会敵した出撃行の回数算定が最低値となっているので、これらの撃墜確率はあまりはっきりした確度では決定できない。それでもドミートリイ・グリーンカは激戦となったクバン上空で10機撃墜を出撃15回で達成しており、キリール・エフスティグニェーエフもクルスク戦中わずか9回の出撃で12機を撃墜している。

上位エースの占有撃墜戦果

トップ10	撃墜数450
20	897
30	1348
40	1761
50	2148
60	2507
70	2843
80	3159
90	3461
100	3752
150	5124
175	5759

ソ連空軍戦闘機搭乗員全体では独・フィンランド軍機合計40000機以上の撃墜が報告されている。

ソビエト連邦英雄章（ソ連英雄金星章）

ソビエト連邦英雄章（ロシア語でГерой Советского Союза/Geroi Sovietskogo Soyuza：GSS、英文ではThe Hero of the Soviet Union：HSU）最初の叙勲例は1934年4月20日、ベーリング海峡北方チュコーツコエ海で調査船チェリュースキンの乗員救助を行った自国飛行士7名に与えられたものである。スペイン内戦、ノモンハン事件、対フィンランド冬戦争期間中のGSS叙勲例は189で、4名が2回受章。そのひとり、スペイン内戦中の撃墜戦果13機を有する同戦線ソ連義勇戦闘隊長S・P・デニーソフは1937年7月4日付で本章を正式叙勲。2回目は1940年3月21日、大出血の冬戦争中陸軍第7飛行隊を指揮したあと作戦終了時叙勲されたものである。

S・I・グリツェヴェーツもGSS叙勲2回の士で、1回目はスペインで撃墜個人30、協同7を記録して、つぎはノモンハンで12機の戦果を上乗せした功によってであるが、彼は2度目の受章日1939年8月29日からちょうど3週間後に航空機事故で死亡してしまった。満蒙戦線を飛んだG・P・クラーフチェンコは対日戦の戦績を評価され1939年のあいだに2度叙勲されている。

独ソ戦中は895名がGSSを叙勲され、26名が2回受けたほかコジェドゥーブ、ポクルイーシキンの両名はこの一大名誉を3個も保持することとなる。本賞はソ連最高位の軍事勲章である上、自動的にレーニン章が下賜されるからその格付けはかなり大層なものだった。

GSSの資格を達成した戦闘機搭乗員は当然確固とした名声を（とくに出身地で）得られる。2度叙勲された搭乗員なら実家に記念碑が建立されるし、1度の場合でも本人の徳義をたたえ、あるいは追悼の意味を込めて碑を建てられることがある。そんな例でもっとも有名なのが偉大なる女性エース、リーリャ・リトヴャック。戦死後遅まきながら1990年にGSSを追贈された。リトヴャックの碑はドニエツク地方クラースヌィ・ルーチに建っている。なおGSS受章者は乗機の尾翼に勲章をかたどった五芒の金星印を記入する慣習もあった。

GSS複数回受章者リスト

スペイン
S・P・デニーソフ

日華事変
G・P・クラーフチェンコ

ノモンハン事件
G・P・クラーフチェンコ
S・I・グリツェヴェーツ

対フィンランド冬戦争
S・P・デニーソフ

独ソ戦

■1941年
B・F・サフォーノフ

■1942年
B・F・サフォーノフ
V・A・ザーイツェフ
S・スプルン（戦死後）

■1943年
A・V・アレリューヒン(2度)
S・アメート=ハーン
A・Ye・ボロヴィーフ
P・Ya・ゴロヴァチョーフ
N・D・グリャーエフ
P・F・カモージン
A・T・カールポフ

A・I・コルドゥノーフ
I・N・コジェドゥーブ(2度)
P・S・クターホフ
M・V・クズネツォーフ
V・D・ラヴリニェーンコフ
S・D・ルガーンスキイ
P・A・ポクルイショフ(2度)
A・I・ポクルイーシキン(2度)
V・I・ポプコーフ
G・A・レチカーロフ
A・K・リャザーノフ
A・S・スミルノーフ
V・A・ザーイツェフ

■1944年
N・D・グリャーエフ
P・M・カモージン
A・T・カールポフ
A・F・クルーボフ（戦死後）
V・D・ラヴリニェーンコフ
S・D・ルガーンスキイ
A・I・ポクルイーシキン
G・A・レチカーロフ
Ye・Ya・サヴィーツキイ
I・N・ステパネーンコ
A・V・ヴォロジェーイキン(2度)
K・A・エフスティグニェーエフ

■1945年
S・アメート=ハーン
A・Ye・ボロヴィーフ
P・Ya・ゴロヴァチョーフ
A・F・クルーボフ（戦死後）
I・N・コジェドゥーブ
M・V・クズネツォーフ
V・I・ポプコーフ
A・K・リャザーノフ
Ye・Ya・サヴィーツキイ
N・M・スコモローホフ(2度)
A・S・スミルノーフ
I・N・ステパネーンコ

注：A・I・コルドゥノーフは1948年に2度目の受賞。P・S・クターホフは1984年に2度目の受賞。

親衛戦闘機隊

「親衛部隊」の名誉称号は、部隊の士気や戦績を示す最高の実績証明として極めて誇るべきもので、ほかの主流派戦闘機部隊とは一線を画す存在だった。1941年12月6日付で最初の4部隊（戦闘飛行第29、526、155、129戦隊）が本称号を受けるが、親衛戦闘飛行師団、同飛行軍団の称号付与は下って1943年である。親衛部隊は親衛隊旗を授与され、将校は階級呼称の頭に「親衛」の文字がつく（例「親衛中尉」）ほか、一般兵も軍服に親衛隊記章を装着した。

ソ連親衛戦闘航空軍団（Gv.IAK）リスト

原部隊名	親衛隊番号	受与年月日
第1戦闘航空軍団	1	43・3・8
第7防空戦闘航空軍団	2	43・7・7
第4戦闘航空軍団	3	44・7・2
第7戦闘航空軍団	6	44・10・27

ソ連親衛戦闘飛行師団（Gv.IAD）リスト

原部隊名	親衛隊番号	受与年月日
第220戦闘飛行師団	1	43・1・31
第102戦闘飛行師団	2	43・3・31
第210戦闘飛行師団	3	43・3・18
第274戦闘飛行師団	4	43・3・17
第239戦闘飛行師団	5	43・3・17
第268戦闘飛行師団	6	43・3・17
第209戦闘飛行師団	7	43・5・1
第217戦闘飛行師団	8	43・5・1
第216戦闘飛行師団	9	43・6・16
第210戦闘飛行師団	10	43・8・25
第207戦闘飛行師団	11	43・8・25
第203戦闘飛行師団	12	不明
第294戦闘飛行師団	13	44・7・2
第302戦闘飛行師団	14	44・7・2
第205戦闘飛行師団	205	44・10・27

ソ連親衛戦闘機連隊（Gv.IAP）リスト

原部隊名	親衛隊番号	受与年月日
第29戦闘機連隊	1	41・12・6
第526戦闘機連隊	2	41・12・6
第155戦闘機連隊	3	41・12・6
第129戦闘機連隊	5	41・12・6
第69戦闘機連隊	9	42・3・7
第44防空戦闘機連隊	11	42・3・7
第20防空戦闘機連隊	12	42・3・7
第7戦闘機連隊	14	42・3・7
第55戦闘機連隊	16	42・3・7
第6防空戦闘機連隊	18	42・3・7

原部隊名	親衛隊番号	受与年月日
第145戦闘機連隊	19	42・3・7
第147戦闘機連隊	20	42・3・7
第38戦闘機連隊	21	42・5・3
第26防空戦闘機連隊	26	42・11・21
第123防空戦闘機連隊	27	42・11・21
第153戦闘機連隊	28	42・11・21
第154戦闘機連隊	29	42・11・21
第180戦闘機連隊	30	42・11・21
第273戦闘機連隊	31	42・11・21
第434戦闘機連隊	32	42・11・21
第629防空戦闘機連隊	38	43・4・11
第731防空戦闘機連隊	39	43・4・11
第131戦闘機連隊	40	43・2・8
第40戦闘機連隊	41	43・2・8
第8戦闘機連隊	42	43・2・8
第512戦闘機連隊	53	43・2・8
第237戦闘機連隊	54	43・2・8
第581戦闘機連隊	55	43・2・8
第520戦闘機連隊	56	43・2・8
第36戦闘機連隊	57	43・2・8
第69戦闘機連隊	63	不明
第271戦闘機連隊	64	43・3・18
第653戦闘機連隊	65	43・3・18
第875戦闘機連隊	66	43・3・18
第436戦闘機連隊	67	不明
不明	68	不明
第169戦闘機連隊	69	不明
不明	72	不明
第296戦闘機連隊	73	43・5・3
第572防空戦闘機連隊	83	43・4・11
第788防空戦闘機連隊	84	43・4・11
第83戦闘機連隊	85	不明
第744戦闘機連隊	86	43・5・1
第166戦闘機連隊	88	不明
不明	89	不明
第45戦闘機連隊	100	不明
第84戦闘機連隊	101	不明
第124防空戦闘機連隊	102	43・7・7
第158防空戦闘機連隊	103	43・7・7
第298戦闘機連隊	104	43・8・25
第814戦闘機連隊	106	43・8・25
第867戦闘機連隊	107	43・8・25
第13戦闘機連隊	111	43・8・25
第236戦闘機連隊	112	43・8・25
第437戦闘機連隊	113	43・8・25
第146戦闘機連隊	115	43・9・2
第563戦闘機連隊	116	43・9・2
第975戦闘機連隊	117	43・9・2
第27戦闘機連隊	129	43・10・8
第42戦闘機連隊	133	43・10・8
第160戦闘機連隊	137	不明
第20戦闘機連隊	139	不明
第253防空戦闘機連隊	145	43・10・9
第487防空戦闘機連隊	146	43・10・9
第630防空戦闘機連隊	147	43・10・9
第910防空戦闘機連隊	148	43・10・9
第183戦闘機連隊	150	不明
不明	151	不明
第270戦闘機連隊	152	不明
不明	153	不明
第247戦闘機連隊	156	不明
不明	157	不明
第88戦闘機連隊	158	44・4・?
第249戦闘機連隊	163	不明
第19戦闘機連隊	176	44・8・19
第193戦闘機連隊	177	不明
第240戦闘機連隊	178	不明
第297戦闘機連隊	179	不明
不明	180	不明
第239戦闘機連隊	181	不明
第439戦闘機連隊	184	不明
不明	211	不明
第438戦闘機連隊	212	不明

ソ連航空軍 1942-1945

　1942-44年の期間中合計18個の航空軍(VA)が編成されたが、このうち1個(第18)のみは当初戦闘機師団を編入していなかった。編制の目的は従来各方面軍航空軍、16個陸軍飛行隊麾下に隷属していた諸飛行師団の統合指揮系統改善を確立するためであり、各航空軍は戦闘、爆撃、対地攻撃、長距離の各師団混成であった。このほか防空戦闘航空軍(IA PVO)、艦隊航空隊(VVS,VMF)も編成された。

　以下の表中で示される各エース搭乗員の撃墜機数は本人の戦歴を通した合計戦果である。一部複数航空軍にまたがって在役した例もあるがこの点注意されたい。

第1航空軍

　1942年5月5日モスクワ近郊で開設。
開設時所属戦闘飛行師団
　　第201、202、203、235IAD
作戦区域
　　1943年：モスクワ、ルジェフ=ヴャージマ。1943/1944年：スモレンスク。1944/1945年：ベラルーシ、東プロイセン。
備考
　　上位エースとして第3ベラルーシ方面軍時の6Gv.IAD、9Gv.IAP所属S・アメート=ハーン。個人30機、協同19機撃墜により1945年6月2度目のGSSを叙勲されている。彼と同時に2度目のGSSを受けたのが303IAD、9Gv.IAPで個人31、協同1を撃墜のP・Ya・ゴロヴァチョーフ。フランス義勇部隊ノルマンディ・ニエマンも本航空軍のもとで行動し、外人部隊ながら4名のGSS受勲者を輩出した。

第2航空軍

　1942年5月ブリャーンスク方面軍で開設。
開設時所属戦闘飛行師団
　　第205、206、207IAD
作戦区域
　　1942年：スターリングラード。1943年：クルスク。1944年：コルスン=シェフチェノフスキイ。1945年：チェコスロヴァキア、ベルリン。
備考
　　上位エースが何名か本航空軍で行動。1943年ヴォロネジ方面軍時5IAK、205IAD、27IAP所属のN・D・グリャーエフ(個人57、協同4)。1944年第2ベラルーシ方面軍時329IAD、66Gv.IAP所属のP・M・カモージン(個人35、協同13)。1943年第1ウクライナ方面軍時6Gv.IAK、9Gv.IAD、16Gv.IAP所属のA・F・クルーボフ(個人31、協同19)。1945年第4ウクライナ方面

軍時11Gv.IAD、106Gv.IAP所属のM・V・クズネツォーフ（個人21、協同6）。第1ウクライナ方面軍時2Gv.ShAK、11Gv.IAD、5Gv.IAP所属のV・I・ポプコーフ（個人41機）。これも第1ウクライナ方面軍時5IAK、256IAD、728IAP所属のA・V・ヴォロジェーイキン（個人52機）。
[訳注：ShAK：襲撃航空軍団。Shはシュトゥルモヴィークの頭文字]

第3航空軍
1942年5月カリーニン方面軍で開設。
開設時所属戦闘飛行師団
　　　第209、210、256IAD
作戦区域
　　　1942/1943年：モスクワ南西、ルジェフ＝ヴャージマ攻勢。1943年：デミヤンスク孤立戦域。1943/1944年：スモレンスク。1944年：ベラルーシ。1945年：レニングラード。
備考
　　　GSS 2度受賞のトップエース2名を擁する。第1バルト海方面軍時11IAK、5Gv.IAD、28Gv.IAP所属のA・S・スミルノーフ（個人34、協同15）、前第2航空軍所属で第1バルト海方面軍時1Gv.IAK、3Gv.IAD、32Gv.IAP所属のA・V・ヴォロジェーイキン（個人52機）である。

第4航空軍
1942年5月南部方面軍で開設。
開設時所属戦闘飛行師団
　　　第216、217、229IAD
作戦区域
　　　1942年：ドンバス、北部カフカス。1943年：クラスノダール、ケルチ、クバン、ウクライナ。1944年：ベラルーシ。1945年：東プロイセン、ベルリン。
備考
　　　216SAD、16Gv.IAP（およびのち9Gv.IAD）所属A・I・ポクルイーシキン（個人59機）、216SAD、45IAPのち9Gv.IAD、100Gv.IAP所属D・B・グリーンカ（個人50機）、216SAD、16Gv.IAP所属G・A・レチカローフ（個人56、協同5）らのエースがいた。また287IAD、4IAP所属のA・K・リャザーノフ（個人31、協同16）は全戦果を1943年に北カフカス方面軍であげた。
[訳注：SAD；混成飛行師団]

第5航空軍
1942年5月北部カフカス戦線で開設。
開設時所属戦闘飛行師団
　　　第236、237、265IAD
作戦区域
　　　1942年：北部カフカス。1943年：ベールゴロド＝ハリコフ。1944年：ウクライナ。1945年：ルーマニア、ハンガリー、チェコスロヴァキア、オーストリア。
備考
GSS 2度受章者、上位エース数名が本航空軍で行動。N・D・グリャーエフ（個人57、協同4）は1944年第2ウクライナ方面軍時5IAK、205IAD、27IAP所属、P・M・カモージン（個人35、協同13）は1943年北カフカス方面軍時236IAD、269IAP所属、I・N・コジェドゥーブ（個人62）は1943/44年スターリングラード方面軍時302IAD、240IAP所属。S・D・ルガーンスキイ（個人36、協同6＋体当り2）はスターリングラード方面軍時1ShAK、203IAD、270IAPのち1943/1944年第2ウクライナ方面軍時1Gv.ShAK、12Gv.IAD所属。、G・A・レチカローフ（個人56、協同5）は第2ウクライナ方面軍時7IAK、9Gv.IAD、16Gv.IAP所属。K・A・エフスティグニェーエフは4IAK、302IAD、240IAPのち3Gv.IAK、14Gv.IAD、178Gv.IAP所属（いずれも1944/1945年第2ウクライナ方面軍時）。

第6航空軍
1942年6月北西方面軍で開設。
開設時所属戦闘飛行師団
　　　第239、240IAD
作戦区域
　　　1943年：デミヤンスク、カリーニン。1944年：ベラルーシ。1944年：ポーランド、ヴィステュラ河。1944年9月軍総司令部予備航空軍団編入。
備考
　　　エースとして5Gv.IAD、28Gv.IAP所属A・S・スミルノーフ（個人34、協同15）。本航空軍はソ連指揮下で再建されたポーランド空軍の中核戦力となった。

第7航空軍
1942年11月カレリア方面軍で開設。
開設時所属戦闘飛行師団
　　　第258、259IAD
作戦区域
　　　1942-44年カレリア方面軍。1944年フィンランド国境、スヴィル河。1944年末軍総司令部予備航空軍団編入。

第8航空軍
1942年6月南西方面軍で開設。
開設時所属戦闘飛行師団
　　　第206、220、235、268、269IAD
作戦区域
　　　1943年：ポルターヴァ、スターリングラード、ドンバス。1944年：ウクライナ、同年リヴォーフ＝サンドミール作戦。1945年：南部ポーランド、プラハ。
備考
　　　基幹エース在籍あり。1944年第1ウクライナ方面軍時7IAK、9Gv.IAD、16Gv.IAP所属のA・I・ポクルイーシキン（個人59機）。1944年第4ウクライナ方面軍時3IAK司令官のYe・Ya・サヴィーツキイ（個人22、協同2）。1943年268IAD、9Gv.IAPに属し南部方面軍で活動、のち第4ウクライナ方面軍でも同隊に在役したV・D・ラヴリニェーンコフ。1943年ウクライナ方面軍から南部方面軍に転じた6Gv.IAD、9Gv.IAPのA・V・アレリューヒン（個人40、協同17）。そのほかにアメート＝ハーン、P・Ya・ゴロヴァチョーフ、A・F・クルーボフも有名。

第9航空軍
1942年8月極東方面軍で開設。
開設時所属戦闘飛行師団
　　　第32、249、250IAD
作戦区域
　　　終始極東方面軍にあった。

第10航空軍
1942年8月極東方面軍で開設。

開設時所属戦闘飛行師団
　第29IAD
作戦区域
　終始極東方面軍にあった。

第11航空軍
　1942年8月極東方面軍で開設。
開設時所属戦闘飛行師団
　第96IAD
作戦区域
　終始極東方面軍にあった。

第12航空軍
　1942年8月極東方面軍で開設。
開設時所属戦闘飛行師団
　第245、246IAD
作戦区域
　終始極東方面軍にあった。

第13航空軍
　1942年11月レニングラード方面軍で開設。
開設時所属戦闘飛行師団
　第275IAD
作戦区域
　1943年：レニングラード、ウクライナ。1944年：レニングラード、ヴィボルグ、タリン、エストニア。
備考
　1943年中レニングラード方面軍で行動した154IAPのち159IAP所属のGSS2度受章者P・A・ポクルイショフ(個人22、協同7)らの上位エースが在役した。

第14航空軍
　11942年6月ヴォルホフ方面軍で開設。
開設時所属戦闘飛行師団
　第278、279IAD
作戦区域
　1943/1944年：レニングラード。1944年バルト、同年末軍総司令部予備航空軍団編入。

第15航空軍
　1942年7月ブルイサンク方面軍で開設。
開設時所属戦闘飛行師団
　第286IAD
作戦区域
　194219/43年：ブルイサンク戦線。1943年：クルスク、バルト。1944年：ラトヴィア。1945年：バルト方面軍。
備考
　上位エースとして1943年ブルイサンク方面軍時14IAK、185IAD、4IAP所属、のち1945年の第2バルト方面軍も同部隊で参加したI・N・ステパネーンコ(個人33、協同8)、同じく1945年第2バルト方面軍時4IAP所属だったA・K・リャザーノフ(個人33、協同16)がいた。

第16航空軍
　1942年8月スターリングラードで開設。
開設時所属戦闘飛行師団
　第220、283IAD
作戦区域
　1942/1943年：スターリングラード。1943年：クルスク。1943/1944年：ウクライナ、東部ベラルーシ。1944/1945年：ポーランド。1945年：ベルリン。
備考
　ベラルーシ方面軍当時I・N・コジェドウーブ(個人62機)が302IAD、176Gv.IAPに、1943年A・Ye・ボロヴィーフ(個人32、協同14)が6IAK、273IAD、157IAPに所属。

第17航空軍
　1942年11月南西方面軍で開設。
開設時所属戦闘機飛行師団
　第282、288IAD
作戦区域
　1942年：スターリングラード。1943年：クルスク、ハリコフ。1943/1944年：ウクライナ。1945年：ハンガリー、オーストリア、チェコスロヴァキア。

独ソ戦におけるソ連空軍のエース上位100

以下のリストは個人および協同撃墜の合計戦果を基準としている。また可能な限り出撃回数と交戦回数の記録を付した。

	氏名	撃墜合計	個人戦果	協同戦果	出撃／交戦回数
1	I・N・コジェドウーブ	62	62	0	330/120
2	G・A・レチカーロフ	61	56	5	450/122
3	A・I・ポクルイーシキン	59	53	6	600/156
4	L・L・シェスタコーフ	58	22	36	600/130
5	N・D・グリャーエフ	57	53	4	240/69
6	A・V・アレリューヒン	57	40	17	601/258
7	K・A・エフスティグニェーエフ	56	53	3	300/120
8	N・K・シュット	55	55	0	不明
9	N・M・スコモローホフ	54	46	8	605/143
10	I・F・クジミチョーフ	54	18	36	不明
11	V・A・ザーイツェフ	53	34	19	427/163
12	M・D・バラーノフ	52	24	28	285/85+
13	D・B・グリーンカ	50	50	0	300/90
14	A・F・クルーボフ	50	31	19	475/95
15	P・M・カモージン	49	36	13	不明

	氏名	撃墜合計	個人戦果	協同戦果	出撃／交戦回数
16	A・S・スミルノーフ	49	34	15	457/72
17	S・アメート=ハーン	49	30	19	603/150
18	V・I・ポプローフ	49	30	19	不明
19	I・I・クレシチョーフ	48	16	32	不明
20	L・Z・ムラヴィーツキイ	47	47	0	不明
21	A・K・リャザーノフ	47	31	16	509/97
22	A・E・ボロヴィーフ	46	32	14	470/不明
23	A・L・コルドゥノーフ	46	46	0	412/96
24	G・D・コストィリョーフ	46	43	3	418/112
25	V・D・ラヴリニェーンコフ	46	35	11	438/134
26	P・A・ポクルイショフ	46	38	8	285/50
27	I・V・シメリョーフ	45	29	16	不明
28	A・I・ベリャーシニコフ	44	36	8	不明
29	S・D・ルガーンスキイ	43	37	6	390/不明
30	A・V・コーチェトフ	42	34	8	不明
31	P・S・クターホフ	42	14	28	不明
32	S・N・モルグーノフ	42	不明	不明	不明
33	V・I・ポプコーフ	42	41	1	513/117
34	A・V・フョードロフ	42	24	18	464/104
35	A・P・ザーイツェフ	41	不明	不明	不明
36	I・I・コブィレーツキイ	41	15	26	不明
37	D・A・クディーモフ	41	12	29	不明
38	V・G・セローフ	41	29	12	不明
39	I・N・ステパネーンコ	41	33	8	414/118
40	P・A・グニード	40	24	6	不明
41	V・N・ザレーフツキイ	40	17	23	不明
42	I・V・ポチコフ	39	7	32	不明
43	V・F・ゴールベフ	39	不明	不明	不明
44	I・M・ピリペーンコ	39	10	29	不明
45	A・M・レーシェトフ	39	35	4	不明
46	B・F・サフォーノフ	39	25	14	234/34+
47	A・F・ソロマーティン	39	17	22	不明
48	M・A・エフィーモフ	38	9	29	不明
49	M・F・クラスノーフ	38	32	6	不明
50	I・I・ババック	37	35	2	300+/103
51	A・A・グバーノフ	37	28	9	不明
52	M・E・ピヴォヴァーロフ	37	不明	不明	不明
53	L・A・ガーリチェンコ	36	24	12	410/90
54	G・K・グリチャーエフ	36	不明	不明	不明
55	A・G・ドルギーフ	36	不明	不明	不明
56	A・T・カールポフ	36	不明	不明	500/97
57	N・F・クズネツォーフ	36	不明	不明	400/不明
58	I・A・ラケーエフ	36	23	13	不明
59	N・S・パブルーシキン	35	不明	不明	不明
60	S・G・グリーンキン	34	30	4	不明
61	S・I・ルキヤーノフ	34	不明	不明	不明
62	I・N・スィートフ	34	不明	不明	不明
63	A・M・チスロフ	34	不明	不明	不明
64	F・M・チュブコーフ	34	不明	不明	不明
65	V・I・スヴィーロフ	34	26	8	不明
66	K・F・フォームチェンコ	34	8	26	不明
67	Yu・I・ゴローホフ	33	23	10	不明
68	A・I・クズネツォーフ	33	14	19	不明
69	N・E・クツェーンコ	33	20	13	不明
70	N・V・ストロイコーフ	33	18	15	不明
71	Ch・K・ベンデリャーンヌィ	32	12	20	不明
72	M・M・ゼレーンキン	32	不明	不明	不明
73	V・V・キリリューク	32	不明	不明	不明
74	M・S・コメリコーフ	32	不明	不明	321/75
75	V・I・メルクーロフ	32	29	3	不明
76	A・V・チルコーフ	32	不明	不明	不明
77	A・A・ヴィーリヤムソン	31	25	6	382/66
78	B・B・グリーンカ	31	30	1	不明
79	P・Ya・ゴロヴァチョーフ	31	26	5	457/125
80	A・S・クマニーチキン	31	31	0	不明
81	S・F・マシーコフスキイ	31	14	17	不明
82	A・S・フロブィストフ	31	7	24	不明
83	F・F・アルヒーペンコ	30	不明	不明	467/102
84	I・D・リホーバビン	30	不明	不明	不明
85	P・Ya・リホレートフ	30	25	5	不明

	氏名	撃墜合計	個人戦果	協同戦果	出撃／交戦回数
86	V・I・マカーロフ	30	不明	不明	不明
87	S・I・マコーフスキイ	30	27	3	不明
88	A・A・ミローネンコ	30	20	10	不明
89	S・G・リードヌイイ	30	21	9	不明
90	A・P・チュリーリン	30	30	0	不明
91	V・I・シーシキン	30	不明	不明	不明
92	V・N・バルスコーフ	29	22	7	不明
93	A・A・グラチョーフ	29	23	6	不明
94	P・N・キリーヤ	29	不明	不明	不明
95	V・A・クニャーゼフ	29	不明	不明	不明
96	I・G・コロリョーフ	29	18	11	不明
97	I・S・クラヴツォーフ	29	不明	不明	不明
98	I・N・クラーギン	29	24	5	不明
99	A・F・ラヴレニョーフ	29	22	7	不明
100	V・A・メルクーシェフ	29	不明	不明	不明
	N・A・ナイデョーノフ	29	不明	不明	不明
	S・M・ノーヴィチコフ	29	29	0	不明
	G・D・オヌーフリエンコ	29	不明	不明	405/不明
	M・S・ポゴレーロフ	29	不明	不明	不明
	P・A・ポーロゴフ	29	29	不明	不明
	I・G・ロマネーンコ	29	不明	不明	220/150

カラー塗装図　解説
colour plates

1
I-153　"白の50"　1942年夏　フィンランド湾ラヴァンサーリ
A・G・バトゥーリン大尉　バルト海艦隊航空隊第71戦闘機連隊所属
乗機 I-153は胴体側面に国籍標識があるが、尾翼には未記入。機体上面はグリーンとブラウンの標準的迷彩、下面はライトブルー。撃墜9機のエース、バトゥーリン大尉は1942年10月23日にGSSを受章。

2
I-153　"白の102"　1942年8月　フィンランド湾ラヴァンサーリ
連隊長 P・I・ビスクップ少佐
バルト海艦隊航空隊第71戦闘機連隊所属
本部隊所属のI-153は翼下面にRS-82ロケット弾用ラックを装備していた。ソ連における無誘導噴進弾は、ノモンハン事変のときに第22戦闘機連隊のI-16ではじめて試験運用が行われ、その後、1939年の対フィンランド冬戦争でI-153装備部隊が対地攻撃用として使用された。第71戦闘機連隊はのちに1943年5月31日付で親衛部隊に列せられ、バルト海艦隊親衛第10戦闘機連隊(10.Gv.IAP, VVS, KBF) となる。

3
I-153　"白の10"　1941年9月　フィンランド湾戦域
V・レドコ中尉　バルト海艦隊航空隊（所属部隊不明）
国籍標識は旧式（縁どりの太線、内側の円弧はともに黒）のものが記入され、方向舵に機体番号がある。下翼には爆弾架を装備。この時期に採用されていた迷彩は上面オリーブグリーン、下面ライトブルーであった。

4
I-153　"白の24"　1942年8月　フィンランド湾ラヴァンサーリ
K・V・ソロヴィヨーフ大尉機
バルト海艦隊航空隊第71戦闘機連隊所属
塗装図2のビスクップ少佐同様、本機もRS-82ロケット弾を装備している。国籍標識は胴体、尾翼とも記入しているが、機体番号 "24" は胴体のみである。ソロヴィヨーフは個人撃墜がちょうど5機に達しエースの資格を得たころ、1942年10月23日にGSSソ連英雄金星章を受章した。しかし、それからまもなく撃墜されて戦死。クリスマスからちょうど48時間後のことであった。

5
I-16タイプ18bis　"白の11"　1941年9月　ムルマンスク戦域
B・S・サフォーノフ大尉　北洋艦隊航空隊第72戦闘機連隊所属
ボリス・サフォーノフは第二次大戦におけるソ連エースの先駆けとなった人物であった。1942年5月30日の空戦で戦死するまでに個人撃墜25機、協同撃墜14機の認定戦果を積み上げ、GSSも2度授けられている。乗機 I-16は上面ダークオリーブグリーン、下面ライトブルーの迷彩。機体側面のスローガンは「За Сталина! /Za Stalina!：スターリンのために」。

6
I-16タイプ18　"白の13"　1941年夏　ムルマンスク戦域
S・スルジェーンコ中尉　北洋艦隊航空隊第72戦闘機連隊所属
スルジェーンコの乗機 I-16へ誇らしげに描かれたスローガンは「За СССР/Za SSSR!：ソビエト連邦のために」。胴体国籍標識はサフォーノフ機同様に黒縁付きの赤。本機のスローガンや方向舵の機体番号は、バルバロッサ作戦のため困窮した戦況を反映したかのように書き方が雑で、色調もかすれぎみである。胴体のスローガンを赤、黄、シルバーといった色で描いた出版物もあるが、これは空想の産物にすぎない。

7
I-16　"白の16"　1942年　フィンランド湾
A・G・ロマーキン上級中尉
バルト海艦隊航空隊第21戦闘機連隊所属
アナトーリイ・ロマーキンは1944年1月22日にGSSの叙勲を得、乗機 I-16は翌年レニングラード国防博物館に展示された。1942年当時彼が本機で大戦果をあげた第21戦闘機連隊21は第8機雷敷設＝雷撃機飛行師団(8MTAD)に属しており、同飛師の基幹戦力で

(92頁に続く→)

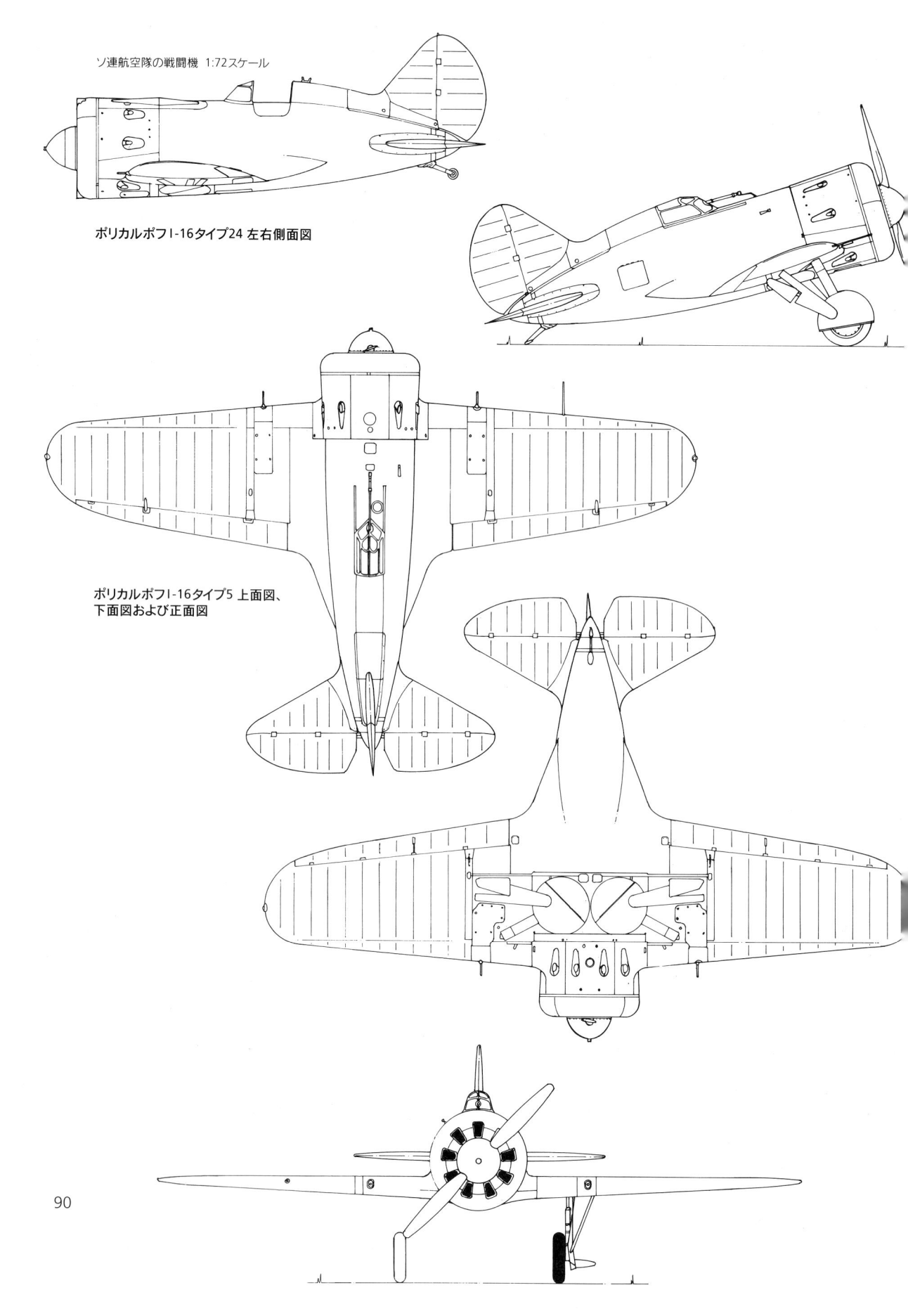

ソ連航空隊の戦闘機 1:72スケール

ポリカルポフI-16タイプ24 左右側面図

ポリカルポフI-16タイプ5 上面図、下面図および正面図

ポリカルポフ I-153

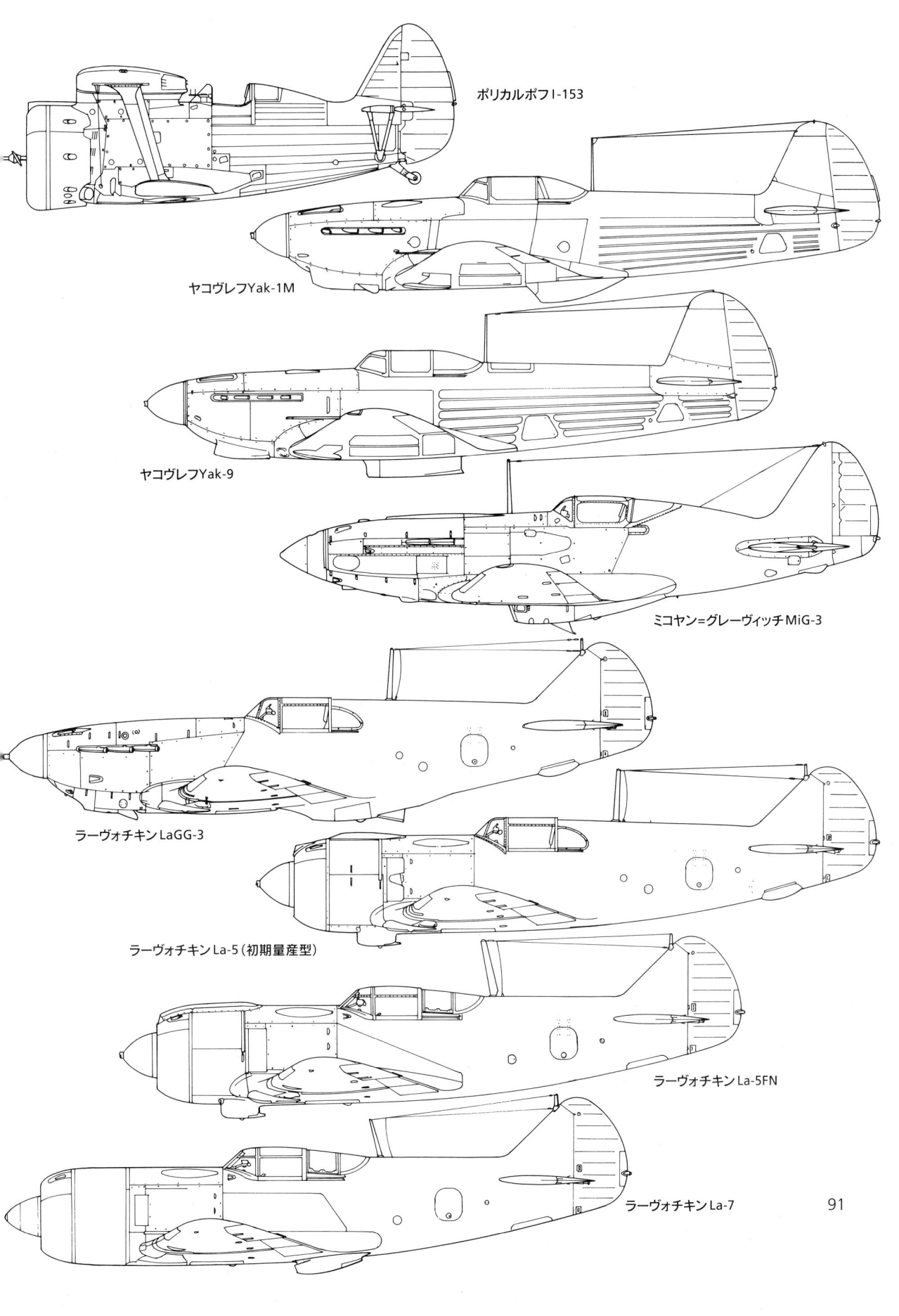

ヤコヴレフ Yak-1M

ヤコヴレフ Yak-9

ミコヤン=グレーヴィッチ MiG-3

ラーヴォチキン LaGG-3

ラーヴォチキン La-5（初期量産型）

ラーヴォチキン La-5FN

ラーヴォチキン La-7

あるA-20Gボストン、イリューシンIℓ-4、ペトリャコフPe-2爆撃機隊がフィンランド湾で敵船舶や港湾を攻撃する際に直衛を行っていた。同年後半、部隊は機材を旧式のI-16からYak-1、Yak-7へ更新、最終的には1944年初頭にYak-9を受領する。ロマーキンはずっと前線勤務を続けていたが、1944年2月、新しく乗機となったYak-9でPe-2を護衛中、交戦により戦死。1月22日のGSS受章からちょうど3週間後のことだった（1942年末に推薦をうけていたようだが、叙勲されるまで1年以上かかっている）。ロマーキンは作戦期間中に出撃452回、空戦49回で26機（個人7、協同19）を撃墜するという記録をうちたてた。胴体の機体番号は細い黒縁付きの白、垂直安定板から方向舵にまたがる変則的な大きさの国籍標識を記入している。

8
I-16　"白の28"　1942年春　レニングラード方面軍
M・ヴァシーリエフ上級中尉
バルト海艦隊航空隊第4戦闘機連隊所属

本部隊は1942年春のあいだラドガ湖とレニングラード方面軍を結ぶ補給ルート上で激闘を重ねた。ヴァシーリエフは1942年5月5日に戦死し、その約5週間後にGSSを追贈。乗機I-16の迷彩は上面ダークグリーンにブラックグリーンを雲状に吹きつけ、下面はライトブルー。本機は翼内武装に20㎜ShVAKを装備したタイプ17とみられる。

9
MiG-3　"白の5"　1942年3月　A・I・ポクルイーシキン
親衛第16戦闘機連隊所属

第二次大戦中、ソ連戦闘機隊の戦術家としてもっとも影響力のあったアレクサーンドル・ポクルイーシキンは、対バルバロッサ作戦初期に乗機MiG-3を効果的に使いこなした。この専用機はカウリング上の機銃収容部フェアリングとアンテナ柱がない初期生産型であり、さらに操縦席の可動風防部も撤去されている。迷彩は上面ダークグリーンに下面ライトブルー。翼下面に装備されたガンパックに注目。

10
MiG-3 "白の67" 1942年夏 南部方面軍　A・I・ポクルイーシキン
第216戦闘飛行師団親衛第16戦闘機連隊所属

こちらのMiG-3はアンテナ柱とカウリング上面の機銃収容部フェアリングがある後期型。塗装図9の乗機と同様に国籍標識を胴体と尾翼に記入。白で胴体の機体番号とスピナーは白（黄色ではない）。上面はグリーンとブラウンの2色迷彩（Aパターンと称されるもの）。

11
MiG-3　"白の04"　1941年夏　スターリングラード方面軍
S・ポリャコーフ大尉　第7戦闘機連隊所属

ポリャコーフの乗機"白の04"は垂直尾翼に国籍標識がなく、機体番号はオフホワイト。迷彩は上面ダークグリーンとタン、下面ライトブルー。このMiG-3はカウリング上面の機銃のアレンジは初期型だが、アンテナ柱が装備されていることから、中期量産型と思われる。

12
MiG-3　"黒の7"　1941-42年冬　A・V・シュロポフ
モスクワ防空軍第6戦闘航空軍団第6戦闘機連隊所属

本機の胴体国籍標識とスピナーは赤、尾翼の機体番号は黒。また、胴体側面の矢印と「За Сталина! /Za Stalina! : スターリンのために」の書き文字も黒である。冬期迷彩の白塗装が機体上面全体に施され、機体下面はライトブルー。

13
LaGG-3　"白の76"　1941年秋　カレリア方面軍
L・A・ガーリチェンコ　第145戦闘機連隊所属

ガーリチェンコは1941年10月までにすくなくとも7機を撃墜し、終戦までに敵機36機（個人24機）撃墜のスコアを記録。独ソ戦におけるソ連航空隊上位撃墜記録保持者中53位につけている。乗機LaGG-3は初期量産型で、カウリング上面に機銃収容バルジがつき排気管は集合型、方向舵は上下に突出型マスバランスがつく。機体の迷彩は上面がカーキ／ブラウン2色という標準規格外のパターン、下面は標準的なライトブルー。図のように国籍標識が胴体、尾翼いずれにもなく（ただしスピナーの先端に赤い星がみえる）、胴体の機体番号は白。同じく白で記入された尾翼のパーソナルモチーフは、げっ歯類の動物（あるいは猫かもしれない）がアヒルを追いかけているところ。

14
LaGG-3　"黄の6"　1941年11-12月　モスクワ
G・A・グリゴーリエフ
防空軍第6戦闘航空軍団第178戦闘機連隊所属

グリゴーリエフは少なくとも個人11機、協同2機の撃墜を認定されているが、乗機のLaGG-3には星が15個記入されており、認定機数が実際の撃墜機数より少なかったかもしれないことを示唆している。排気管が3分割され、エンジン上部に機銃収容バルジがなく方向舵も設計変更されたものであることから中期量産型と思われる。

15
LaGG-3　"赤の30"　1943年冬　S・I・リヴォーフ大尉
バルト海艦隊航空隊親衛第3戦闘機連隊所属

個人撃墜数6機のリヴォーフはあまり知られていないソ連エースのひとりだろう。しかし彼はこれ以外に協同撃墜22機を認定されて戦時中のソ連空軍戦闘機エース中ではトップ120に入り、明らかにチームプレイヤーであった。乗機LaGG-3は中期量産型であるシリーズ35の1機で、上面ウィンターホワイトべた塗り、下面ライトブルーだが相当汚れと退色がはげしい。マーキングは胴体の機体番号が赤、胴体と尾翼に国籍標識をもつが後者は半分しか表示されておらず、右半分はオリジナルの方向舵とともに失われている。

16
LaGG-3　"白の43"　1944年春　黒海　Y・シチーポフ中尉
黒海艦隊航空隊第9戦闘機連隊所属

シチーポフのLaGG-3はキャノピーフレームの後方の視界確保用追加ガラスが示す通り後期量産型。胴体に白縁付き国籍標識、尾翼にも赤い星がある。垂直安定板から方向舵にかけて塗られた黄色は部隊標識、機番は白で胴体に記入している。シチーポフのパーソナルマーキングはハート地にライオン。操縦席下方の赤い星は撃墜数8機を示す。迷彩は上面ダークグリーンとタン、下面ライトブルー。

17
La-5　"白の15"　1945年　レニングラード

G・D・コストィリョーフ大尉
黒海艦隊航空隊親衛第3戦闘機連隊所属

個人43機を含む合計撃墜46機のコストィリョーフはソ連エースリストのなかでも上位25人のなかに入る。この戦果は出撃回数418回、うち会敵118回で報告されたもので、GSSの受章者である。このLa-5には42の撃墜マークを並べ、垂直安定板に小さくゴールドスターとリボン、操縦席下方には親衛隊のエンブレムを記入し、機首には相当手の込んだシャークマウスが描かれている。スピナーと方向舵は黄、胴体・尾翼の国籍標識には白縁がつく。

18

La-5 "白の75" 1944年初頭 レニングラード方面軍
I・N・コジェドゥーブ
第5航空軍第302戦闘飛行師団第240戦闘機連隊所属

撃墜62機で第二次大戦連合軍最高位の撃墜王であるイワーン・コジェドゥーブが第240戦闘機連隊(親衛連隊ではない点に注意)で乗機としていたLa-5標準型。胴体と尾翼に国籍標識、機体番号"75"は白、記入された文字は「Эскадрилья Валерий Чкалов/Eskadrilya Valerie Chkalov:ヴァレーリイ・チカーロフ中隊」。これは戦前の有名なソ連パイロットを顕彰しての部隊名である。迷彩は上面ダークグリーンと黒、下面ライトブルー。

19

La-5FN "白の14" 1944年4-6月 レニングラード方面軍
I・N・コジェドゥーブ
第5航空軍第302戦闘飛行師団第240戦闘機連隊所属

2名しかいないGSSソ連邦英雄金星章3回受章者のひとりである(もう1名はポクルイーシキン)コジェドゥーブは戦後も現役として飛び続け、たとえば朝鮮戦争でも、第324戦闘飛行師団(324.IAD)司令官として中国配備のソ連義勇軍に従軍参戦している。このLa-5FNの機体左側操縦席下方に記されたロシア語の意味は「ソ連邦英雄N・コーネフ中佐」となっている点がとても興味深い。機体右側には「コルホーズ労働者ヴァシーリイ・ヴィークトロヴィッチ・コーネフ贈」と記されている。これは以前から出版物で発表され続けてきたので、本機はむしろ右側面のほうが比較的よく知られている。

20

La-5FN "白の15" 1944年夏 レニングラード
P・Ya・リホレートフ大尉 第159戦闘機連隊所属

リホレートフは敵機撃墜合計30機を記録、ほとんどのリストでは内訳を個人25、協同5としているが、最近ロシアで発表された表では個人30、協同0のスコアとしている。乗機La-5FNは標準型、国籍標識は白縁つきで胴体と尾翼に記入。胴体の機体番号"15"は白、スピナーと方向舵も同色。 胴体のロシア語「Жа Васька и Жору/Za Vas'ka i Zhoru:殺されたヴァシカーとジョールのために報復する」は黄、カウリングにM82-FNエンジン搭載を示す"ФН(FN)"のステンシルがある。迷彩は上面ブルーグレイ2色迷彩、下面ライトブルーの標準塗装とみられる。

21

La-5FN "白の93" 1943年7月 クルスク V・オレーホフ上級中尉
親衛第1戦闘航空軍団親衛第3戦闘飛行師団親衛第32戦闘機連隊所属

ヴラディーミル・オレーホフはクルスク大会戦のわずか数週間前にGSSソ連英雄金星章を授与された。受章時に達成していた戦果11機のうち大半はYakであげたものだが、1941年にさかのぼる最初の撃墜はあつかいづらいLaGG-3で得たスコアである。オレーホフのような実戦経験豊かなパイロットの手にかかると、性能優秀なLa-5FNは強力なガン・プラットホームとなった。そして彼は終戦までさらに10機の戦果を付け加えるのである。オレーホフ機のマーキングは胴体と尾翼に白縁のついた国籍標識、胴体の機体番号"93"と、垂直安定板から方向舵へ斜めのストライプ2本は白、スピナーとカウリング前部が赤。可動風防部直下に撃墜戦果を示す小型の赤い星14個が記され、カウリングに"FN"のステンシルがある。

22

La-5FN "白の01" 1943年 第1ウクライナ方面軍
V・I・ポプコーフ大尉 親衛第2襲撃航空軍団親衛第11戦闘飛行師団第5戦闘機連隊所属

ポプコーフは戦時中の主要なソ連機エースである。513回の出撃で得た個人撃墜41、協同撃墜1の戦果はエースリスト30位に位置づけられる。GSS 2回受章者の彼が搭乗したLa-5FNは上面グレイ1色、下面ライトブルーの標準的迷彩を施されている。操縦席直後の胴体に巻いた2本の白帯、そしてこの帯と機体番号の上から記された撃墜機数を示す33個の小さな赤い星が興味深い。エンジンカウリングには親衛隊章が大きく描かれている。

23

La-7 "白の27" 1945年春 ドイツ 副長 I・N・コジェドゥーブ
第302戦闘飛行師団親衛第176戦闘機連隊所属

コジェドゥーブが使った標準型La-7は胴体と尾翼上に白縁付き国籍標識をつけ、機首を赤でかざり、コクピット下部に戦果表示の白い星62個をつけている。また、この時期"まだ2個しか"手にしていなかったGSSソ連英雄金星章が風防下部に記入されている。3個目のGSSは欧州戦線終結直後、ポクルイーシキンの3個目と同じときに彼のもとへ届くことになる。

24

La-7 "白の93" 1945年 ドイツ S・F・ドルグーシン中佐
第8戦闘航空軍団第215戦闘飛行師団第156戦闘機連隊所属

ドルグーシンは第二次大戦ソ連空軍エース・トップ100にぎりぎりとどかなかった人物である。この機体は本書のカバーにも飛行中の雄姿を描かれているもの。コジェドゥーブ機と同様に彼の搭乗するLa-7も標準型で、上面ブルーグレイ単色、下面ライトブルーの迷彩。戦果28機はすべてこの機体であげたもので、その功によって授けられたGSSソ連英雄金星章も機首に描かれている。

25

La-7 "白の23" 1944年9月 ラトヴィア V・オレーホフ少佐
親衛第1戦闘航空軍団親衛第3戦闘飛行師団親衛第32戦闘機連隊所属

この時期オレーホフは親衛戦闘32の第1中隊長となり、La-7標準型に搭乗していた。機体は白縁のついた国籍標識を胴体と尾翼に記入し、機体番号は白、カウリングとスピナーは赤。撃墜機数をあらわす赤い星が操縦席外枠下部に19個みられる。

26

Yak-1 "白の1" 1942年夏 M・D・バラーノフ上級中尉
第183戦闘機連隊所属

合計スコア52機(個人撃墜24、協同撃墜28)で第二次大戦ソ連エ

ース中12位の位置にいることから、最近ロシアの歴史家のあいだで高い評価をつけられるようになったのが、このミハイル・バラーノフである。従来見過ごされてきたこの人物は空中射撃の名手、かつ大胆不敵な搭乗員で、1942年8月6日の戦闘でそれを遺憾なく実証している。ドン河防衛戦支援のため列機を率いて飛行中の彼は、来襲する独軍戦爆連合を攻撃。続く乱闘のなかでBf109 2機とシュトゥーカ1機を撃ち落とし、さらに弾丸切れの機体で別の敵戦闘機に体当たりをかけたのである。落下傘降下を余儀なくされたバラーノフは負傷、短期間ながら当然病院に収容されている。その彼も1943年1月、別のYak-1で作戦中ついに戦死してしまった。バラーノフが初期に搭乗していたYakで注目すべき特徴は、上面ダークグリーンと黒、下面ライトブルーの迷彩と、胴体国籍標識上部に白文字で書かれたロシア語。意味は「ファシストに死を」。

27
Yak-1 "白の50" 1943年春
ハティオンキ V・F・ゴールボフ中佐 親衛第18戦闘機連隊所属
39機を撃墜し、ソ邦英雄金星章を叙勲されたゴールボフだが、乗機Yak-1を飾るのはごく普通の尾翼国籍標識と胴体に大きく記された白文字の機体番号"50"だけである。本機の塗装もYak前期仕様である上面ダークグリーンと黒、下面ライトブルーの組み合わせ。このころゴールボフ指揮下の親衛第18戦闘機連隊に、かのフランス義勇戦闘機隊ノルマンディ・ニエマンが編入されている。

28
Yak-1 "黄の44" 1943年春 スターリングラード
リーリャ・リトヴァック 第296戦闘機連隊所属
史上もっとも有名な女性戦闘機パイロット、リトヴァックが所属していた第296戦闘機連隊は1943年5月、親衛第73戦闘機連隊(73.Gv.IAP)となった。しかしここが彼女最後の所属部隊となり、同年8月1日の空戦でリトヴァックは戦死する。リトヴァックの使ったYak-1は標準型で(アンテナ柱付)、胴体と尾翼上に国籍標識があり、機体番号"44"が汚れた白ないし黄色で記入されていた。リトヴァックが22歳で戦死するまでにあげた戦果は個人11機、協同3機である。

29
Yak-1 "白の58" 1943年11月 第2ウクライナ方面軍
S・D・ルガーンスキイ大尉
親衛第203戦闘飛行師団親衛第270戦闘機連隊所属
ルガーンスキイは個人37機、協同6機に加えて"タラーン"で2機撃墜を記録した上位エースである。乗機は胴体後部上方を改修し、全方位視界型キャノピーをつけたYak-1改型。迷彩は標準的な上面ブルーグレイ単色に下面ライトブルー。黄色いリースで飾られた白文字の32はこの時点での撃墜機数を示す。

30
Yak-1 1943年 第2ウクライナ方面軍 A・M・レーシェトフ少佐
親衛第6戦闘飛行師団親衛第37戦闘機連隊所属
レーシェトフは第二次大戦ソ連トップエースリストの第45位で、達成戦果の合計は39機、うち35機が個人撃墜である。彼がGSSの推薦を受けたのは戦果19機、うち個人撃墜は11機を記録したときであった。GSSの推薦は実際の受勲よりかなり以前に署名されている場合が少なからずあり、このふたつの手続きの間隔が12～18カ月も開く例さえ珍しくない。推薦時レーシェトフは作戦出撃432回を完遂し独軍機と100回会敵していた。ルガーンスキイ機

同様彼のYak-1も改修型(アンテナ柱がないことに注目)で、上面ダークグリーンと黒、下面ライトブルーというYakの前期型迷彩を施されている。

31
Yak-1 1943年初期 第2ウクライナ方面軍
B・M・イェリョーミン少佐
親衛第6戦闘飛行師団親衛第37戦闘機連隊所属
イェリョーミンはレーシェトフと同じ親衛戦隊に所属、彼とならんで1943年にGSSを推薦された。ところがレーシェトフと異なり実際の叙勲受章が1990年5月5日にまで遅れた。そのため最近になってGSSを授けられためずらしいソ連空軍搭乗員となった。本章のノミネートは1943年初夏タマン戦域(黒海近辺)で部隊が独JG52とたびたびはげしい戦闘を繰り広げた時期の、彼の戦いぶりに負うところが大きい。参加出撃回数342、会敵回数70。終戦時の戦果は本人によると23機、うち15機が個人戦果という。

32
Yak-7B "白の31" 1942年9月 スターリングラード
V・オレーホフ上級中尉 第434戦闘機連隊所属
戦隊マーキングである赤のスピナーとエンジンカウリングが目に鮮やかなヴラディーミル・オレーホフのYak-7標準型は、操縦席外枠下部に赤い星5個を記入。最近のインタビューでオレーホフはBf109よりFw190と闘ってみたかったと回想している。その理由として大戦のこの時期、メッサーシュミット相手に腕試しをする機会は十分にあったが、新型のフォッケウルフとなるとそうもいかなかったからだと述べたという。

33
Yak-7B "黄の33" 1945年 レニングラード方面軍
P・ポクルイショフ少佐 第159戦闘機連隊所属
惨憺たる1939-40年の対フィンランド冬戦争を経験した(彼自身2回撃墜されている)ピョートル・ポクルイショフは大戦で合計46機撃墜を達成、うち38機が個人戦果だった。GSSソ連英雄金星章は2回受けており、1回目は1943年2月10日、2回目はレニングラード方面軍で第159戦闘機連隊指揮官に在任中の1944年8月24日である。終戦にあたりポクルイショフの機体はレニングラード国防博物館戦勝記念ホールに展示されることとなる。

34
Yak-9D "白の22" 1944年5月 M・グリーブ少佐
黒海艦隊航空隊親衛第6戦闘機連隊所属
親衛第6戦闘機連隊の第3中隊長時の乗機。標準型のYak-9Dの機首の親衛隊章と赤旗記章が目立ち、尾翼国籍標識上部一帯には赤い星6個を記入。迷彩は本機も一般的な上面ブルーグレイの2色迷彩に下面はライトブルー。

35
Yak-9T "白の38" 1944年末 ポーランド南部
A・I・ヴィーボルノフ上級中尉
第256戦闘飛行師団第728戦闘機連隊所属
ヴィーボルノフはYak-9T(機首同軸武装強化型)を使い、戦争後半で28機(個人19、協同9)を撃墜する働きを示した。1945年6月にGSSの叙勲を受けている。彼の乗機は国籍標識が胴体、尾翼とも白縁の"クレムリンスター"(明暗の赤で塗り分け)で、白で記入された胴体の機体番号の上に撃墜記録を表示する赤い星20個がつく。胴体側面のロシア語の意味は「カシールの生徒」。

36
Yak-3　1944年　リトアニア　G・ザハーロフ少将
第1航空軍第303戦闘飛行師団所属

第303戦飛師司令官ザハーロフは乗機として、愛馬上の騎士がゲッベルスの顔をつけた蛇をやっつける「聖ゲオルギウスの龍退治」のようなパーソナルエンブレムをつけたYak-3を使用した。胴体にはこのモチーフに覆われるように白の電光矢印を記入。機首には赤旗記号もみえる。Yak-3の標準型は第303戦闘飛行師団麾下の戦闘機連隊でもっともひろく使われた機種。同戦闘飛行師団は結局親衛隊称号を受けなかったが、ザハーロフ自身はスペイン内戦のみならずノモンハン事件でも戦ったベテランである。

37
Yak-3 "白の5"　1945年3月　ドイツ・バルト海地方　R・ソヴァージュ
第1航空軍第303戦闘飛行師団ノルマンディ・ニエマン連隊所属

ロジェ・ソヴァージュはノルマンディ・ニエマン連隊中5本の指に入る上位撃墜エースで、認定撃墜数は14機だったがそのほかに戦後、すくなくとも8機を追加認定された。乗機の特徴はトリコロール・スピナー（青、白、赤）と操縦席背後の撃墜表示14個。興味深いのはこの撃墜記号で、西側連合軍パイロットが撃墜表示として慣習的に用いたバルケンクロイツの形をとっている。ソ連のパイロットは自機に敵のインシグニアを表示することを嫌って、小さい赤い星をかわりに用いていたのと対照的だ。塗装は標準外の上面グリーンにブラウンの迷彩に下面ライトブルー。

38
P-39Qエアラコブラ　"44-2547"　1944年夏　ウクライナ方面軍　G・A・レチカーロフ大尉
第5航空軍親衛第9戦闘飛行師団親衛第16戦闘機連隊所属

第二次大戦連合軍戦闘機エース第2位の座につくGSS 2度受章者グリゴーリイ・レチカーロフは、認定空戦撃墜61機、うち56機が個人戦果である。撃墜確率も傑出しており、戦果達成までに記録した空戦回数はわずか122回である。ソ連空軍へ供給されたほぼすべてのアメリカ製レンドリース機と同様に、本機ももとの胴体米陸軍航空隊国籍標識の上に自国の国籍標識を重ね書きしている。そのほかのマーキングは後部胴体に白文字"РГА（RGA）"、尾翼上にのこるアメリカ軍のシリアルは黄、尾翼上端は赤と白、機首に撃墜表示が55個みえる。迷彩はオリーブドラブとニュートラルグレイの米陸軍航空隊標準規格。

39
P-400エアラコブラ　"BX728"　"黄の16"　1942年
西部カレリア地峡　I・V・ボチコフ大尉
親衛第19戦闘機連隊所属

ボチコフは初期のソ連空軍エースのひとりで、早い時期に合計スコア39機を記録、うち32機が協同撃墜だった。1943年4月4日の空戦で戦死、翌月1日付でGSSを追贈されている。乗機P-400（もと英空軍が発注したエアラコブラの取得先変更呼称）は上面グリーンとダークアース、下面スカイブルーのRAF標準パターン。胴体の英軍ラウンデルに上書きしたソ連国籍標識は小さめのもので、尾翼機番16は黄、同上端部は赤。

40
P-40Kウォーホーク　"白の23"　1942年ころ　N・F・クズネツォーフ
北洋艦隊航空隊第436戦闘機連隊所属

このクズネツォーフの乗機であるウォーホークは英空軍標準迷彩を施した機体を使っており、白で記された14個の撃墜表示が目立つ。彼はその後個人撃墜総数36機に達し1943年5月1日付でGSSを受章する。

パイロットの軍装　解説
figure plates

1
P・Ya・リホレートフ大尉　1944年夏　第159戦闘機連隊

第159戦闘機連隊Ya・リホレートフ大尉が革製フライングコートをまとう。1944年夏の姿で下にみえる陸軍制式野戦服は短上衣。将校用ベルトはサイドバックル、頭に搭乗員用制帽を被る。右手にもっているのは後期型飛行帽とゴーグル。

2
ボリース・F・サフォーノフ大尉　1941年9月
北洋艦隊航空隊第72戦闘機連隊

北洋艦隊航空隊隷下部隊、第72戦闘機連隊のボリース・F・サフォーノフ大尉が着ているのは初期支給型（何通りかある）革製丈長フライングコート。1941年当時の画だがオープンコクピットのI-16で飛ぶときは不可欠の装備。飛行帽は裏張り羊革の戦前型、ゴーグル、将校用ベルトにはホルスターをつけトカレフ7.62mmT.T.ピストルを収める。手袋も裏は羊革、将校用長靴、単座席用パラシュート。以上の装具一切を空軍標準制服の上からまとっている。上衣襟元に航空大尉の階級章がみえる。

3
A・V・アレリューヒン大尉　1943年9月　親衛第9戦闘機連隊

1943年9月、親衛第9戦闘機連隊のA・V・アレリューヒン大尉。ツーピースの革製飛行服、前期型飛行帽、将校用長靴をいずれも野戦服の上から着用し、ごつい手袋と単座席用パラシュートを装備。

4
N・A・ゼレノーフ大尉　1942/43年　艦隊航空隊

海軍航空隊N・A・ゼレノーフ大尉は、当時の海軍搭乗員特有のワンピース黒ずくめ衣装。飛行帽は初期支給版で、長靴、長手袋、ベルトも同様この時期よく見かけるもの。ゼレノーフは1942-43年、P-40を駆って北洋の自軍港湾防備にあたりエースとなった。

5
P・I・チェピノーガ大尉　1944年11月　第508戦闘機連隊

1944年11月当時の第508戦闘機連隊、P・I・チェピノーガ大尉が被る軍帽は円筒部分と上部張り出し周囲に航空兵の兵科色を巻いているが、帽章は普通の陸軍将校用がつく。軍服は短上衣とズボン、将校用長靴、手には毛皮裏の飛行帽を持つ。42年以降襟章に代えて適用された肩章（兵科色、星5個、プロペラに翼の記章）が小粋な感じを与える。飾られているのはソ連英雄金星章、スワロフ章、レーニン章、赤旗章など。

6
I・N・コジェドゥーブ大尉　1944年8月　親衛第176戦闘機連隊

親衛第176戦闘機連隊、I・N・コジェドゥーブ大尉1944年8月の姿。軍装の詳細はチェピノーガ大尉のものと基本的に同じだが、肩章が違う。これはより正装に近いパレード用とは異なり、野戦仕様である。被っているのは後期型飛行帽、長手袋を持参、ベルトにトカレフ7.62mmT.T.を吊る。GSSソ連英雄金星章1個（2個目をこの年末に受章する）とレーニン章を佩用。

◎著者紹介｜ヒュー・モーガン　Hugh Morgan

『世界の戦闘機エース』の原書である『Osprey Aircraft of the Aces』シリーズ中、ベストセラーを記録した"German Jet Aces of World War 2"の著者のひとりとして知られる。同書はドイツ語版も刊行されており、日本語版「第二次大戦のドイツジェット機エース」は大日本絵画から2000年4月刊行。

◎日本語版監修者紹介｜渡辺洋二（わたなべようじ）

1950年名古屋市生まれ。立教大学文学部卒業。雑誌編集者を経て、現在は航空史の研究・調査と執筆に携わる。主な著書に『本土防空戦』『局地戦闘機雷電』『首都防衛302空』（上・下）『ジェット戦闘機Me262』（以上、朝日ソノラマ刊）。『航空ファン イラストレイテッド 写真史302空』（文林堂刊）、『重い飛行機雲』（文藝春秋刊）、『陸軍実験戦闘機隊』（グリーンアロー出版社刊）など多数。訳書に『ドイツ夜間防空戦』（朝日ソノラマ刊）などがある。

◎訳者紹介｜岩重多四郎（いわしげたしろう）

1970年7月生まれ。山口県岩国市出身。関西大学文学部卒業。訳書に『第二次大戦駆逐艦総覧』（大日本絵画刊）がある。現在岩国市に在住。

オスプレイ・ミリタリー・シリーズ
世界の戦闘機エース**2**

第二次大戦のソ連航空隊エース 1939-1945

発行日	2000年3月　初版第1刷
著者	ヒュー・モーガン
訳者	岩重多四郎
協力	仲田ガヤネ
発行者	小川光二
発行所	株式会社大日本絵画 〒101-0054 東京都千代田区神田錦町1丁目7番地 電話：03-3294-7861
編集	株式会社アートボックス
装幀・デザイン	関口八重子
印刷/製本	大日本印刷株式会社

©1997 Osprey Publishing Limited
Printed in Japan

Soviet Aces of World War 2
Hugh Morgan
First published in Great Britain in 1997, by Osprey Publishing Ltd, Elms Court,
Chapel Way, Botley, Oxford, OX2 9LP.
All rights reserved.
Japanese language translation ©2000 Dainippon Kaiga Co., Ltd.

ACKNOWLEDGEMENTS
The author wishes to extend great appreciation to the following people who have provided advice, material or contacts: Andrei Alexandrov; Sergey Kul'baka; Alex Boyd; Nigel Eastaway; Carl-Fredrik Geust; Gunnedi Petrov; Professor John Erickson; Mark Sheppard; John Weal; and John Golley. Unless otherwise stated, all photographs published within this volume were sourced from the Russian Aviation Research Trust.